Ensino, avaliação e aprendizagem da Matemática:

da sala de aula à formação docente

UFPA

Reitor: Professor Dr. Emmanuel Zagury Tourinho

Vice-reitor: Professor Dr. Gilmar Pereira da Silva

Pró-Reitor de Administração: Raimundo da Costa Almeida

Pró-Reitora de Ensino de Graduação: Dra. Loiane Prado Verbicaro

Pró-Reitora de Pesquisa e Pós-graduação: Profª. Dra. Maria Iracilda da Cunha Sampaio

Pró-Reitor de Extensão: Prof. Dr. Nelson José de Souza Júnior

Pró-Reitor de Relações Internacionais: Prof. Dr. Edmar Tavares da Costa

Pró-Reitor de Desenvolvimento e Gestão de Pessoal: Ícaro Duarte Pastana

Pró-Reitora de Planejamento e Desenvolvimento Institucional: Cristina Kazumi Nakata Yoshino

---

INSTITUTO DE EDUCAÇÃO MATEMÁTICA E CIENTÍFICA

Diretor Geral: Prof. Dr. Eduardo Paiva de Pontes Vieira
Diretor Adjunto: Prof. Dr. Wilton Rabelo Pessoa

Pós-graduação IEMCI

Programa de Pós-graduação em Educação em Ciências e Matemáticas
Coordenador: Prof. Dr. Marcos Guilherme Moura Silva
Vice-coordenador: Prof. Dr. Tadeu Oliver Gonçalves

Programa de Pós-graduação em Docência em Educação em Ciências e Matemáticas
Coordenadora: Profa. Dra. France Fraiha-Martins
Vice-coordenador: Prof. Dr. Jesus de Nazaré Cardoso Brabo

Rede Amazônica de Educação em Ciências e Matemática
Coordenador Geral: Prof. Dr. Iran Abreu Mendes
Coordenadora Polo Acadêmico UFPA: Profa. Dra. Terezinha Valim Oliver Gonçalves

---

Isabel Cristina Rodrigues de Lucena
António Manuel Águas Borralho
(Organizadores)

Ensino, avaliação e aprendizagem da Matemática:

da sala de aula à formação docente

2023

1ª Edição

Direção editorial: Victor Pereira Marinho e José Roberto Marinho

Capa: Fabrício Ribeiro
Projeto gráfico e diagramação: Fabrício Ribeiro

Edição revisada segundo o Novo Acordo Ortográfico da Língua Portuguesa

Dados Internacionais de Catalogação na publicação (CIP)
(Câmara Brasileira do Livro, SP, Brasil)

Ensino, avaliação e aprendizagem da matemática: da sala de aula à formação docente / organização Isabel Cristina Rodrigues de Lucena, António Manuel Águas Borralho. – São Paulo: Livraria da Física, 2023.

Vários autores.
Bibliografia.
ISBN 978-65-5563-379-5

1. Aprendizagem - Metodologia 2. Ensino fundamental 3. Matemática - Estudo e ensino 4. Prática de ensino 5. Professores de matemática - Formação profissional I. Lucena, Isabel Cristina Rodrigues de. II. Borralho, António Manuel Águas.

23-173965 CDD-370.71

Índices para catálogo sistemático:
1. Professores de matemática: Formação: Educação 370.71

Eliane de Freitas Leite - Bibliotecária - CRB 8/8415

LF Editorial
www.livrariadafisica.com.br
www.lfeditorial.com.br
(11) 3815-8688 | Loja do Instituto de Física da USP
(11) 3936-3413 | Editora

SUMÁRIO

PREFÁCIO

Caro leitor,

É com grande satisfação que aceitei o honroso convite da Professora Isabel Lucena e do Professor Antônio Borralho para escrever o prefácio do livro *Ensino, avaliação e aprendizagem da Matemática: da sala de aula à formação docente* que tem como principal objetivo a temática ensino-aprendizagem e formação de professores relacionada ao ensino aprendizagem de Matemática nos anos escolares iniciais. No livro, são abordadas questões relevantes e atuais sobre a temática descrita. Poderia citar como relevante, por exemplo, diminuir a aversão que os alunos têm sobre a matemática e que pode se manter presente para o restante da vida e, não raro, essa aversão leva o estudante a escolher uma profissão, cuja matemática, em seu imaginário, estará ausente. Contudo, sabemos que esse pensamento é equivocado, uma vez que a matemática está presente em todos os ramos das ciências. Sabemos que a boa relação dos alunos com a matemática é fundamental para a formação de indivíduos críticos e capazes de lidar com questões complexas da sociedade.

Além disso, acredito que Avaliação é uma das ferramentas importantes para aprimorar o ensino e garantir que os alunos estejam realmente aprendendo, pois ela permite identificar pontos fortes e fracos na aprendizagem dos estudantes, bem como avaliar o desempenho dos professores e identificar pontos que precisam ser melhorados. Além disso, ao terem avaliação positiva na matemática os estudantes se motivam a se esforçar e alcançar seus objetivos de aprendizagem. Este livro fornece uma visão abrangente sobre a avaliação no ensino de Matemática nas séries iniciais, incluindo a importância da avaliação para o processo de ensino e aprendizagem, os desafios enfrentados pelos professores e alunos, bem como as estratégias e técnicas para uma avaliação efetiva e justa. A seguir, o leitor tomará conhecimento da história do grupo liderado pelos organizadores da obra e os artigos que compõem esta obra.

O Grupo de Estudos de Pesquisas em Educação Matemática e Cultura Amazônica – GEMAZ – foi fundado em 2006 no âmbito do Programa de Pós-Graduação em Educação em Ciências e Matemáticas (PPGECM) da Universidade Federal do Pará (UFPA), situada na Amazônia Brasileira. Na ocasião, o PPGECM-UFPA estava em seu quarto ano de funcionamento e continha apenas o curso de mestrado acadêmico, demarcando assim o primeiro programa de **pós-graduação em nível** *stricto-sensu* da Área Ensino (Área 46 – CAPES) da região Norte-Nordeste. Ao lado de outros Grupos de Pesquisas também integrantes do PPGECM, o GEMAZ, desde sua origem liderado pela professora Isabel Lucena com um grupo de mestrandos, estudantes de iniciação científica, alguns professores da Educação Básica e egressos do PPGECM, foi crescendo e empenhando-se em desenvolver pesquisas que convergiam em temáticas relacionadas ao "chão da escola". Monografias de graduação e de pós-graduação *lato* e *stricto-sensu* registram diversas fases do GEMAZ ao longo destes 17 anos.

Atualmente, o GEMAZ também se vincula aos demais programas de pós-graduação pertencentes ao Instituto de Educação Matemática e Científica (IEMCI) da UFPA, são eles: Programa de Pós-Graduação em Docência em Educação em Ciências e Matemáticas (PPGDOC – Mestrado Profissional) e Programa de Pós-Graduação em Educação em Ciências e Matemática (PPGECEM), integrante da Rede Amazônica de Educação em Ciências e Matemática, que se destina a formar doutores, professores e mestres que trabalham nas licenciaturas de Biologia, Física, Química, Matemática e Pedagogia das SOCIADAS EM Rede (Doutorado REAMEC – UFPA/UFMT/UEA).

À medida que avança o tempo, o grupo amplia suas articulações. Em 2013, submeteu e aprovou pesquisa em cooperação internacional com a Universidade de Évora em Portugal, intitulada "Avaliação e Ensino na Educação Básica em Portugal e no Brasil: Relações com as Aprendizagens – AERA", financiada pela Coordenação de Aperfeiçoamento de Pessoal de Nível Superior e pela Fundação de Ciência e Tecnologia de Portugal (Edital 038/2013 - CAPES/FCT 2013-2016). O projeto AERA foi liderado pelos organizadores do presente livro, professores Isabel Lucena e António Borralho, ambos docentes do PPGECM-UFPA e, respectivamente, vinculados à UFPA e à UÉvora. Dessa parceria, houve pelo menos sete produções acadêmicas-científicas entre mestrado e doutorado, sendo seis defendidas no PPGECM-UFPA e uma na UÉvora. Mesmo que o financiamento do projeto tenha sido encerrado, os trabalhos conjuntos permaneceram de modo que, atualmente, o professor Borralho atua como professor-orientador do PPGECM e é vice-líder do GEMAZ, bem como a professora Elsa Barbosa, uma das autoras deste livro, que é colaboradora do Centro de Investigação em Educação e Psicologia da Universidade de Évora (CIEP-UE), subdiretora do Agrupamento de Escolas

Manuel Ferreira Patrício Portugal e mantém-se membro do GEMAZ até o presente.

Um dos ganhos acadêmico-científicos reconhecido da parceria UFPA-UÉvora foi a inserção da temática Avaliação para as Aprendizagens, com vistas à melhoria da aprendizagem em matemática, como alvo de estudos e pesquisas do GEMAZ. Esse reconhecimento está registrado no artigo "Pesquisa em avaliação em educação matemática no Brasil: um mapeamento" (SILVA; ROCHA, 2022) recentemente publicado pela *Revista Vidya* (Programa de Pós-Graduação em Ensino de Ciências e Matemática da Universidade Franciscana).

Da parceria com a UÉvora, é possível perceber um investimento, apresentado em debates e produções do GEMAZ, em perspectivas epistemológicas como a compreensão da indissociabilidade da articulação aprendizagem-avaliação-ensino no âmbito da sala de aula, da relevância da avaliação pedagógica como alvo de pesquisa com foco em práticas exitosas para as aprendizagens e para o ensino de matemática, bem como sobre as práticas letivas de professores para refletir a formação docente e seus desdobramentos.

Em 2017, outro projeto em parceria com o Centro Universitário UNIVATES-RS, sob a liderança da professora Ieda Maria Giongo, intitulado "Ensino-aprendizagem-avaliação em Matemática nos Anos Iniciais do Ensino Fundamental: atividades exploratório–investigativas e formação docente", apoiado pela Chamada MCTI/CNPq n.º 01/2016 UNIVERSAL, teve a participação do GEMAZ, aliando investigações com a formação continuada de professores dos anos iniciais, tanto em uma escola da rede municipal de Belém do Pará quanto em escolas da rede pública do município de Lajeado no Rio Grande do Sul. Isso também reforça a ampliação das relações do GEMAZ e suas respectivas produções.

Dessa experiência destaca-se o *e-book* intitulado "Ensino de matemática e de ciências da natureza: convergências e reflexões teórico-metodológica nos campos da prática e da formação docente", organizado pelas professoras Ieda Giongo, Marli Quartieri e Sônia Gonzatti, lançado pela Editora do UNIVATES, em 2022, com o apoio do CNPq, onde há produção do GEMAZ em dois capítulos referentes à participação tida no projeto em referência.

Assim, para a elaboração deste livro foram consideradas produções que fazem parte dos contextos de pesquisas realizadas ao longo desses últimos oito anos de GEMAZ e que enfocam, sobretudo, a vida que há no cotidiano da sala de aula por meio de práticas letivas de professores-formadores, professores-pesquisadores, professores da Educação Básica e professores em formação, tendo em comum o espectro ensino-aprendizagem-avaliação em matemática.

Como toda produção acadêmico-científica, os artigos expressam os contextos vivenciados pelos autores com relação às experiências de pesquisa às quais estavam envolvidos. Os autores estão enredados com o GEMAZ e, consequentemente, com o PPGECM-UFPA, portanto, situam em suas próprias histórias o desenvolvimento de conhecimentos teóricos e de práticas docentes condizentes com a região da qual fazem parte ou do intercâmbio sempre bem-vindo com outros locais e culturas.

O primeiro capítulo, "Comunicação Matemática e Práticas Letivas de Professores", é de autoria de Angélica Araujo, professora doutora da Universidade do Oeste do Pará (UFOPA) e egressa do PPGECM-GEMAZ, e de António Borralho que esteve como orientador de sua pesquisa à época em que a professora Angélica realizava doutorado nesse Programa. O texto discute aspectos relacionados ao tema comunicação matemática referentes às práticas letivas de professores, considerando a ambiência da sala de aula, retratando uma experiência no âmbito da formação inicial de professores para os Anos Iniciais da Educação Básica.

"Prática Avaliativa Movimentada nos Anos Iniciais: ensino de matemática em foco" é o título do segundo artigo, assinado por Maria Augusta Raposo Brito e Josete Leal Dias, ambas egressas do PPGECM. A professora Maria Augusta, atualmente docente da Universidade Federal do Pará – Campus de Bragança/PA, é membro do GEMAZ desde sua fundação e foi a primeira mestre do GEMAZ titulada no PPGECM. Professora Josete é aposentada da Escola de Aplicação da UFPA e atuou por mais de 30 anos no Ensino Fundamental, primeiros anos, e Educação Infantil. Foi a primeira doutora do PPGECM e atualmente é colaboradora do GEMAZ. Nesse capítulo, as autoras trazem um recorte da tese da primeira autora, a fim de discutir sobre dinâmicas de avaliação de aprendizagem matemáticas instituídas em turmas de anos iniciais à luz de Bachelard, no que diz respeito ao conhecimento aberto e dinâmico.

Em seguida, vem o capítulo intitulado "Avaliação Formativa e Somativa: uma perspectiva articulada", no qual os autores Antônio Borralho e Conceição Brayner discorrem sobre a compreensão da avaliação das aprendizagens como uma prática pedagógica e, portanto, responsável também por melhorar as aprendizagens, considerando a articulação entre os tipos de avaliação: formativa e somativa. Conceição Brayner concluiu este ano o doutorado do PPGECM, membro do GEMAZ, é professora da rede pública estadual de ensino do Pará e teve como orientador de sua tese o primeiro autor desse capítulo.

O artigo subsequente versa sobre a relação ensino-avaliação de álgebra na Educação Básica. Sob o título "A sala de aula de matemática: práticas de ensino, de avaliação e a participação dos alunos no âmbito do pensamento algébrico", os autores Elsa Barbosa e António Borralho discorrem sobre o pensamento algébrico, considerando práticas que integram ensino-avaliação e aprendizagem em uma turma de 7º ano da Ensino Básico português. A professora Elsa Barbosa é docente da rede básica de ensino de Portugal e colaboradora do Centro de Investigação em Educação e Psicologia da Universidade de Évora, e integra o GEMAZ desde o período de vigência do Projeto AERA, quando participou de intercâmbio discente no PPGECM e concluiu doutorado na Universidade de Évora sob a orientação do professor António Borralho.

O título do quinto capítulo é "Estudos sobre avaliação inicial docente: desdobramentos da/para a prática". Essa produção é de autoria da professora Valéria Marques, vinculada ao Instituto de Educação em Ciências e Matemática da UFPA e egressa do PPGECM. O referido artigo trata de uma análise da percepção de licenciandos sobre práticas avaliativas e instrumentos de avaliação utilizados em turmas da Educação Básica durante suas experiências no Estágio Curricular Obrigatório, realizado em turma dos anos iniciais do Ensino Fundamental. Tal artigo é parte do projeto de pesquisa da referida autora, aprovada no âmbito do Edital Pró-doutor da UFPA (2017-2019), e foi inspirado nas experiências vivenciadas durante o Projeto AERA. ACRESCENTAR: A professora Valéria Marques é egressa do PPGECM, membro do GEMAZ e docente do IEMCI-UFPA.

O capítulo seguinte, sob o título "A construção de indicadores com base nas noções conceituais de Bourdier: o uso das bases do INEP para além dos *rankings*", oferece uma reflexão sobre indicadores contextuais para escolas brasileiras, tendo como lentes teóricas as noções conceituais de Bourdieu referentes a *capitais econômicos, culturais e sociais* e tomando por base empírica os dados do Censo escolar e do SAEB. A autoria desse artigo é de Franciney Palheta, egresso do PPGECM e membro do GEMAZ, Isabel Lucena e Wilma Coelho, professora do PPEB e do PGEDA, e lider do Núcleo GERA (Núcleo de Estudos e Pesquisas sobre Formação de Professores/as e Relações Étnico-Raciais) e coordenadora do GERA. Todos docentes da UFPA.

O sétimo capítulo deste livro intitula-se "Uma experiência na formação de professoras usando tarefas de ensino-aprendizagem-avaliação de matemática para os anos iniciais" e tem como inspiração uma comunicação científica apresentada pelas mesmas autoras durante o V Encontro de Educação Matemática nos Anos Iniciais (EEMAI-UFSC-Brasil,2018). Nesse capítulo, há uma descrição e análise de uma situação de formação continuada para professoras dos anos iniciais a partir de um tarefa exploratório-investigativa na qual as professoras tinham oportunidade de mobilizar raciocínios matemáticos e discussões avaliativas a respeito da aprendizagem esperada de seus alunos. As duas primeiras autoras, Isabel Lucena e Valéria Marques reforçam a parceria do GEMAZ com o grupo de trabalho da terceira autora, professora Ieda Giongo da UNIVATES-RS, por meio de mais essa produção.

O oitavo e último capítulo deste livro registra um período mais atual e que não poderia estar ausente nesta produção. Atendendo ao convite do GEMAZ, Gabriel Melo, recém-formado professor de matemática e a professora Lucélida Costa, que foi membro do GEMAZ desde meados dos anos de 2009, também egressa do PPGECM, e docente da Universidade do Estado do Amazonas em Parintins – AM, ofertaram a este livro o capítulo intitulado "O Ensino de Matemática em Tempos de Pandemia: Reflexões de Professores em Caburi-AM", o qual retrata um experiência vivenciada durante a pandemia de Covid-19 que assolou mundialmente a saúde humana e, consequentemente, as práticas escolares. O capítulo retrata dificuldades de professores ao ensinar matemática nos anos iniciais e a reinvenção de práticas devido ao contexto emergencial e em ambiência típica do contexto amazônico em zona rural.

Por tudo que foi exposto e, sobretudo, por se tratar da temática avaliação direcionada ao processo de ensino e aprendizagem de matemática aos anos escolares iniciais, este livro será de grande valor para professores formadores de professores, alunos dos programas de pós-graduação, professores que ensinam matemática e todos aqueles interessados em melhorar a avaliação no processo de ensino e aprendizagem de Matemática, em especial professores dos anos escolares iniciais. Aproveitem a leitura!

Professor Titular. Tadeu Oliver Gonçalves
PPGECM/IEMCI/UFPA
Janeiro de 2023

Comunicação Matemática e Práticas Letivas de Professores[1,2]

Angelica Francisca de Araujo
António Manuel Águas Borralho

Introdução

Entendemos que "o processo de gerar conhecimento como ação é enriquecido pelo intercâmbio com outros, imersos no mesmo processo, por meio do que chamamos *comunicação*", como nos diz D'Ambrosio (2014, p. 21-22). A sua perspectiva de comunicação deixa clara para nós a importância da comunicação no desenvolvimento das aulas, inclusive as de matemática, como maneira de construir significados de forma coletiva entre professor e alunos.

A comunicação da qual tratamos nesta pesquisa é a comunicação verbal, aquela que acontece nas aulas de matemática, baseada em interações entre professores e alunos, capazes de promover uma reflexão que ajude na construção de conceitos matemáticos.

Com o objetivo de fazer uma discussão teórica sobre a comunicação matemática e como ela se relaciona com as práticas letivas de professores, escolhemos a revisão de literatura como procedimento metodológico. A revisão de literatura ou pesquisa bibliográfica "é elaborada com base em material já publicado" (GIL, 2010, p. 29). De acordo com Creswell (2010), existem alguns propósitos na revisão de literatura, como compartilhar os resultados de estudos semelhantes ao que se deseja realizar e preencher lacunas sobre um estudo ampliando estudos anteriores.

---

1 O presente trabalho foi realizado com apoio da Coordenação de Aperfeiçoamento de Pessoal de Nível Superior – Brasil (CAPES) – Código de Financiamento 001.

2 Este estudo é um recorte da tese "Comunicação Matemática: concepções e práticas letivas de futuras professoras dos anos iniciais" defendida em 28/02/2019.

Assim, este artigo está organizado em três partes, além das referências. Nesta primeira encontram-se algumas questões introdutórias. Na segunda, fazemos uma apresentação do tema comunicação matemática seguido de uma discussão sobre os modos de comunicação, as práticas letivas de professores, os tipos de questões e os níveis de comunicação. Na terceira abordamos alguns aspectos relacionados à comunicação oral, aos elementos que estão presentes na comunicação oral e aos aspectos relacionados à comunicação nas aulas de matemática. Na terceira parte, levantamos algumas considerações a respeito da discussão realizada sobre os conceitos abordados.

Fundamentação Teórica

A Comunicação Matemática

De acordo com Menezes *et al.* (2013), a comunicação está inserida na geração e na representação de conhecimento matemático e por esse motivo desempenha um papel importante no ensino e na aprendizagem de matemática. Ao analisar a comunicação matemática que ocorre na sala de aula como aquela que se concentra nas ideias matemáticas e faz uso dos processos matemáticos e representações, podemos identificar duas concepções principais dessa comunicação.

Em uma, podemos ver a comunicação matemática como transmissão de conhecimentos e informações. Sua função principal é persuadir o outro com base em uma relação de autoritarismo. O destinatário da mensagem pretende que o receptor reaja conforme o previsto, de acordo com o conteúdo da mensagem enviada. Nessa visão de comunicação, os interlocutores agem de forma neutra em relação ao que está sendo comunicado. Ela implica a existência de um conhecimento matemático, previamente codificado pelos professores, transmissível aos alunos em uma linguagem culturalmente reconhecida, por meio da redução de ruído constante, independentemente do número de estudantes que estão na sala.

E, na outra, a comunicação é vista como interação social. A interação é um processo social em que os sujeitos trocam informações, influenciando-se mutuamente e procurando construir significados. Esse é um processo de aproximações sucessivas, em que as partes fornecem informações adicionais que ajudam a construir uma interpretação. Pensando dessa maneira, o conhecimento matemático dos alunos é construído de forma coletiva e influenciado pela natureza das ações comunicativas que acontecem na sala de aula e é, portanto, socialmente construído e condicionado pela capacidade do professor e dos alunos de compreender, refletir, negociar e estabelecer significados e conexões matemáticas.

Essas duas concepções de comunicação são comumente encontradas em sala de aula, porém, vemos em Santos (2005) que a variedade de formas linguísticas encontradas nas aulas de matemática combina a linguagem corrente (ou natural) e a linguagem matemática, e as duas possuem características distintas. Assim, na aprendizagem em matemática, ocorre a substituição da primeira pela segunda, sobretudo nos anos iniciais. Essa substituição visa apoiar-se em significados da linguagem corrente para formar significados e relacioná-los à linguagem matemática. Santos (2005, p. 123) nos indica que, "enquanto a linguagem natural apresenta ambiguidades e tem como função principal a comunicação, a linguagem matemática apresenta outras características, que não servem somente à comunicação". Para que a comunicação aconteça nas aulas de matemática, é necessário que professores e alunos estejam familiarizados com a linguagem que está sendo utilizada.

Além do modo como a linguagem natural e a linguagem matemática são usadas na compreensão e na formação de significados matemáticos pelos alunos, é necessário que o professor use e elabore tarefas que fomentem discussões sobre os conteúdos matemáticos que emergirem durante sua realização. Assim, Ponte (2014, p. 22) nos propõe que "mais do que tarefas isoladas, o professor tem de organizar para os seus alunos sequências de tarefas devidamente organizadas, de modo que estes possam atingir os objetivos de aprendizagem previstos"; ou seja, as tarefas devem ser usadas durante as aulas de matemática como promotoras e/ou desbloqueadoras da comunicação.

As discussões são eficazes e podem ajudar os alunos a avaliarem a precisão e a eficiência na resolução de problemas, e os padrões matemáticos podem ser mais facilmente discernidos. Porém, numa turma em que se deseja promover a comunicação nas aulas de matemática como uma forma de provocar discussões e desenvolver aptidões nos alunos para que fiquem à vontade para comunicar suas ideias, isso se torna um desafio. Ao professor que deseja inserir a comunicação em suas aulas de matemática, "é preciso também saber se efetivamente os alunos falam, que alunos e, sobretudo, como falam" (BALL, 1973, p. 83). Não se trata de querer obrigar os alunos a falar, ou de deixar que eles falem qualquer coisa, mas de enfatizar a importância da qualidade do que é dito e da aptidão do professor para avaliar o que foi dito e dar o *feedback* ao aluno.

Durante o processo de motivação à fala do aluno por parte do professor, destacamos o "fazer falar" como uma situação na qual as aptidões do professor se fazem primordiais. Para desenvolver essa aptidão, ele deve permitir e incentivar a fala dos alunos, ajudando-os a transpor obstáculos, seja em relação à linguagem, seja em relação ao conteúdo, dando dicas e refinando o raciocínio que está sendo formulado pelo aluno. Esse comportamento, quando usado, pode facilitar a comunicação do aluno com o professor e com seus colegas de sala.

Na comunicação matemática, além de se comunicar, o aluno precisa pensar de forma abstrata, recorrendo também ao seu raciocínio lógico.

> Se tem de exprimir ideias um tanto abstratas, numa ordem não cronológica, mas lógica, com gradações e tendo em conta a complexidade do seu conteúdo, está condenado a calar-se, a renunciar ou a correr o risco da confusão e da incorreção dos termos impróprios e das formas incorretas (BALL, 1973, p. 89).

Portanto, verificamos a importância da participação do professor para estabelecer a comunicação, organizando a forma de pensar do aluno, estabelecendo conexões entre o raciocínio do aluno e o conteúdo que deseja ensinar, até que a confusão inicial apresentada pelo aluno se desfaça e ele possa retomar o seu raciocínio de forma coerente. Porém, na visão de Ball (1973, p. 92), "os docentes estão, geralmente, pouco aptos para o diálogo". Essa aptidão para desenvolver a comunicação na sala de aula não acontece de um dia para o outro na vida profissional de um professor, motivo pelo qual enfatizamos a necessidade de desenvolver essa aptidão nos cursos de formação, de modo que os futuros professores se sintam seguros e aptos para promover a comunicação, em suas variadas vertentes, nas aulas de matemática. "O estudante, e mais ainda o futuro professor, devia ter o direito de esperar que uma aprendizagem da fala lhe permitisse não só falar perante os seus alunos, mas ensiná-los a falar, dialogar e ensiná-los a dialogar" (BALL, 1973, p. 93).

De acordo com Ball (1973, p. 93), "são muitos os professores que têm medo do diálogo com os seus alunos", e existem aqueles que desconhecem os benefícios que ele pode trazer para as suas aulas. Pensamos que os professores e os alunos das licenciaturas (aqueles que ainda estão em formação) têm medo de planejar as suas aulas pautadas no diálogo por não se sentirem familiarizados e seguros em promover uma comunicação com seus alunos, pois lhes falta aptidão para estabelecer a comunicação.

No caso dos professores em exercício, esse medo pode estar baseado num sentimento de perda de autoridade, uma vez que o diálogo gera uma maior proximidade com seus alunos e a possibilidade de ter suas "certezas" questionadas.

Acerca dos professores em formação, acreditamos que suas experiências durante o curso não estejam baseadas no diálogo, já que "para os professores iniciantes o ensino expositivo é a norma" que carregam como referência, como nos relatam Brendefur e Frykholm (2000, p. 127): "cerca de 85% dos ensinamentos de seu curso, se refletiu em um modelo centrado no professor e a forma de comunicação predominante era os alunos ouvirem o professor falar". Essa falta de diálogo, provavelmente, acontecia também enquanto eram alunos do Ensino Fundamental e Ensino Médio, visto que o modelo de comunicação não se modificou.

Porém, quando são inseridos no contexto da sala de aula, os professores iniciantes muitas vezes acabam reproduzindo os mesmos comportamentos de seus professores formadores, e a esses comportamentos somam-se também a insegurança e algumas vezes a falta de domínio do conteúdo. De acordo com Tardif (2014, p. 41), os saberes relativos à formação – no caso deste estudo que ora se apresenta, da matemática – dependem da universidade e de seus formadores: "as universidades e os formadores universitários assumem as tarefas de produção e de legitimação dos saberes científicos e pedagógicos". Assim, enquanto a universidade e os professores formadores têm a função de produzir o saber científico, os alunos que se encontram em formação inicial reproduzem esses saberes, adaptando-os às suas realidades e necessidades, até que sejam capazes de construir suas próprias práticas profissionais.

Dessa forma, os futuros professores "têm medo dos alunos porque o diálogo pode abrir caminho a questões que ultrapassariam os limites que definem a minuciosa preparação ou os conhecimentos precisamente estabelecidos" (BALL, 1973, p. 93-94). Essa fala nos reforça a convicção de que o planejamento criterioso das aulas e o domínio do conteúdo a ser ensinado pelo professor são fatores que irão facilitar a comunicação nas aulas de matemática, a condução de práticas letivas e o desenvolvimento de sua aptidão em promovê-la, já que "a inaptidão para o diálogo arrasta o docente para o seu monólogo" (BALL, 1973, p. 94). No paradigma da transmissão, o monólogo é a forma predominante de comunicação, o professor demonstra a sua autoridade e sua grandeza intelectual diante dos alunos. E sabemos que "a autoridade não dialoga: interroga, às vezes, escuta, pouco; fala, sobretudo e muito, embriagando-se com o seu próprio discurso" (BALL, 1973, p. 94).

Por isso, "a instauração de uma pedagogia da comunicação exigiria que os docentes tivessem resolvido previamente e por sua própria conta as dificuldades relativas ao estabelecimento de um diálogo autêntico e uma sã avaliação dos alunos" (BALL, 1973, p. 105). Não queremos dizer que as condições citadas anteriormente sejam as únicas necessárias para que se estabeleça uma comunicação eficaz em sala de aula, particularmente nas aulas de matemática; porém, são condições que nos remetem a outras igualmente importantes.

Os Modos de Comunicação

Brendefur e Frykholm (2000, p. 126) nos expõem suas várias interpretações do que é comunicação matemática. Aqui as apresentamos em três categorias, que denominamos "modos de comunicação": unidirecional, contributiva e reflexivo-instrucional. As mudanças que ocorrem em sala de aula com a contribuição da comunicação têm como objetivo não valorizar excessivamente a *comunicação unidirecional.* Nesse contexto, "os professores tendem a dominar as discussões por meio de palestras, perguntas fechadas e poucas oportunidades de os alunos comunicarem suas estratégias e pensamentos". Nesse modo de comunicação, o discurso emerge do professor, e a participação dos alunos é meramente retórica e formal.

Tal ideia é defendida também por Santos (2005, p. 117) quando nos diz que a comunicação em sala de aula é "uma atividade não unidirecional, mas entre sujeitos, cabendo ao professor a responsabilidade de encorajar os alunos e neles despertar o interesse e a disposição para uma participação ativa". A comunicação como atividade unidirecional não contribui para o desenvolvimento das discussões em sala de aula, pois o professor está no comando das situações comunicativas, sem dar chance ao aluno de participar do discurso e interagir com ele e/ou com seus colegas de turma. Alguns professores veem nas perguntas uma forma de se comunicar com os alunos, mas, se as perguntas forem fechadas, não darão chance à formulação de ideias e à argumentação de hipóteses por parte daqueles que as respondem (os alunos).

A *comunicação contributiva* incide sobre as interações entre professor e alunos e alunos e alunos, porém se desenvolve de forma superficial, ou seja, "essas conversas são tipicamente de natureza corretiva" (BRENDEFUR; FRYKHOLM, 2000, p. 127). Professores e alunos se ajudam na resolução de tarefas e problemas de forma contributiva, porém as intervenções do professor são de forma corretiva, apontando o caminho ao aluno.

Na *comunicação reflexivo-instrucional*, professor e alunos interagem em "conversas matemáticas", de acordo com Brendefur e Frykholm (2000, p. 127), com a finalidade de se envolver em explorações e investigações mais profundas. Os professores, além de interagirem com os alunos matematicamente, usam o pensamento de seus alunos para identificar seus pontos fracos e fortes para auxiliar na construção de conceitos matemáticos. As definições dos modos de comunicação de Brendefur e Frykholm (2000) nos mostram que cada um dos modos de comunicação pode assumir características de seu antecessor.

Práticas letivas de Professores

O conceito de prática é, muitas vezes, usado na literatura de educação matemática como sinônimo de ação e com uma reduzida precisão conceitual. Ponte, Quaresma e Branco (2012) nos mostram uma breve caracterização do conceito de prática presente na literatura, usando para isso a abordagem cognitivista e a sociocultural. Tendo como base a psicologia cognitiva, a primeira abordagem trata de estudos que enfocam o trabalho do professor na sala de aula; após isso, o enfoque está relacionado às decisões e às ações que o professor assume na sua prática (seu processo de ensino), usando como base o seu conhecimento, crenças e objetivos. O modelo que representa a *abordagem cognitivista* "procura ter em atenção o modo como o professor toma decisões, atendendo às prioridades que estabelece e aos planos de ação que formula, e atende também ao modo como estes planos são depois concretizados ou não em sequências de ação" (PONTE; QUARESMA; BRANCO, 2012, p. 67).

Os trabalhos desenvolvidos na perspectiva sociocultural abordam o conceito de prática profissional relacionado à teoria da atividade: "o objeto da atividade é a realização de uma certa tarefa e o motivo é o conjunto de razões que leva um dado indivíduo a realizar essa tarefa" (PONTE; QUARESMA;

BRANCO, 2012, p. 68). Assim, temos que as ações, os motivos que levam à realização da atividade e o objeto (ou tarefa) são os três elementos principais numa atividade. Na literatura que usa o conceito de prática com base na abordagem sociocultural, vemos as práticas sendo definidas como: (i) atividades que são realizadas com certa regularidade, socialmente organizadas, "não são compreensíveis apenas pela consideração de um ator individual, mas requerem a consideração do grupo social relevante" (PONTE; QUARESMA; BRANCO, 2012, p. 68); e (ii) "atividades que regularmente conduzem, tendo em atenção o contexto de trabalho e os seus significados e intenções" (PONTE; QUARESMA; BRANCO, 2012, p. 68). Ainda que os conceitos de prática na abordagem cognitivista e na sociocultural se mostrem diferentes do que é posto na literatura de educação matemática, não existe incompatibilidade entre eles.

Em Menezes *et al.* (2014, p. 136), constatamos que "a comunicação é um elemento essencial nas práticas letivas dos professores", então podemos dizer que a comunicação que ocorre entre professores e alunos nas aulas de matemática também é essencial para as práticas letivas dos professores dos anos iniciais do Ensino Fundamental. A prática letiva do professor é um dos elementos que compõem as práticas profissionais docentes, juntamente com as práticas profissionais na instituição e as práticas de formação. Nesse capítulo, consideramos a comunicação matemática como um aspecto das práticas letivas de professores que ensinam matemática.

Ao tratarmos a comunicação matemática como um elemento essencial das práticas letivas dos professores, suas concepções[3] poderão se relacionar de forma significativa com as referidas práticas. Ou, mesmo essas práticas em sala de aula podem evidenciar um afastamento em relação a concepções manifestadas pelos professores (LEMBERGER; HEWSON; PARK, 1999; MELLADO, 1996; SHULMAN, 1993).

Como já foi aqui mencionado, a comunicação é um aspecto decisivo das práticas profissionais dos professores, e por isso faz-se necessária uma abordagem capaz de focar "na qualidade do discurso partilhado de professores e alunos e no modo como os significados matemáticos são interativamente construídos na sala de aula" (PONTE; SERRAZINA, 2004, p. 58), evidenciando que, pela

3 ARAUJO, A. F.; BORRALHO, A. M. A. Crenças, concepções e conhecimento do professor de matemática. *In*: DAUDE, R. B. (org.). **Educação Matemática:** práticas e contextos. Goiânia: Kelps, 2020. p. 9-19.

fala dos professores, para a melhoria da audiência dos alunos, devemos tomar a comunicação que acontece em sala de aula como uma oportunidade de interação social entre professor e alunos, e não como uma forma de transmissão de conteúdos e conhecimento.

Essa compreensão da comunicação como interação social está presente em Menezes *et al.* (2014, p. 138) quando nos apontam que

> na perspectiva da comunicação como interação social, o conhecimento matemático emerge de uma prática discursiva que se desenvolve na sala de aula, decorrente de processos coletivos de comunicação e interação entre os indivíduos e a cultura da aula, incluindo as interações do professor com os alunos na e acerca da Matemática.

Ou seja, para que os alunos passem a se interessar pela fala do professor, é necessário que ele também participe dos discursos que acontecem em sala de aula, comunicando suas ideias matemáticas, fazendo conjecturas, tirando suas dúvidas coletivamente e formulando soluções a partir dessas discussões que ocorrem com a mediação do professor.

Para Alrø e Skovsmose (2010, p. 126), privilegiar o diálogo significa prestigiar os participantes, explorando as suas perspectivas: "em sala de aula, o professor, ao explorar as perspectivas dos alunos através do diálogo, tenta ajudá-los a expressar seu conhecimento tácito". Por ter base no princípio da igualdade, o diálogo não deve passar uma ideia de poder: "um diálogo não pode ser influenciado pelos papéis (e o poder associado a esses papéis) das pessoas que participam do diálogo" (ALRØ; SKOVSMOSE, 2010, p. 131).

Essas demonstrações de força e poder que se fazem presentes na sala de aula, por parte dos professores, podem ser vistas como uma forma de fragilidade e insegurança do professor, que prefere lidar com seus alunos de forma autoritária a se colocar numa posição de igualdade, do que aproximar-se dos seus alunos e proporcionar um discurso mais democrático.

Tipos de questões

Dada a centralidade e a importância do discurso do professor em suas práticas letivas, Martinho e Ponte (2005); Menezes *et al.* (2014); Ponte, Quaresma e Branco (2012) tomam o questionamento como um dos principais aspectos vinculados ao discurso do professor. Por isso, o tipo de pergunta feita por ele irá ajudá-lo a interpretar a fala dos alunos. Essas perguntas podem ser de *focalização, confirmação* ou *inquirição.*

As perguntas de *focalização* têm como objetivo focar a atenção do aluno em um aspecto específico do conteúdo ou originar uma mudança no foco; as de *confirmação* são aquelas para as quais o professor já sabe a resposta e deseja testar o conhecimento do aluno. Martinho e Ponte (2005, p. 2) nos dizem que as perguntas de confirmação "são perguntas que induzem respostas imediatas e únicas, julgadas 'naturais' na rotina diária".

Para Menezes *et al.* (2014, p. 144), as perguntas de *inquirição,* "com as quais o professor convida os alunos a expressar as suas compreensões, têm o propósito de conhecer o pensamento e as estratégias dos alunos". Esse tipo de questão também admite uma variedade de respostas legítimas. Martinho e Ponte (2005, p. 2) nos explicam que essas perguntas "podem ser classificadas de verdadeiras perguntas, no sentido em que o professor quando as coloca pretende obter, de fato, alguma informação por parte do aluno". O tipo de pergunta feita pelo professor beneficia o discurso durante as aulas e pode ser usado por ele na condução do processo comunicativo nas aulas de matemática.

Níveis de comunicação

A comunicação que pretendemos que aconteça nas aulas de matemática deve possuir uma posição de destaque na prática letiva dos professores. Para que isso ocorra, o professor deve assumir a condução, a organização e a provocação do discurso em três níveis, de acordo com as necessidades que se apresentarem. Buscamos em Ponte *et al.* (2007) apoio para caracterizar cada um dos níveis de comunicação:

(i) *Instrumento de regulação do professor:* o professor pode usar esse instrumento de regulação de formas diversas, perseguindo objetivos diversos, inclusive a promoção do envolvimento ativo dos alunos no trabalho e na própria comunicação, bem como o refrear de manifestações de participação perturbadoras. Com base na comunicação de forma explícita ou sutil, o professor mantém (ou não) o controle da situação e pode diagnosticar o progresso dos alunos e as suas dificuldades. Nessa perspectiva, o discurso docente constitui uma prática social, em que ele recorre ao sistema linguístico como meio de comunicação com objetivos de natureza cognitiva e social. As perguntas de confirmação, que visam testar o conhecimento e a memória dos alunos, são as que mais se relacionam com o uso da comunicação como instrumento de regulação.

(ii) *Meio de promover a capacidade de comunicação dos alunos*: nem todos os professores valorizam esse objetivo da mesma forma; para alguns, é mais importante do que para outros. A linguagem oral serve de suporte ao pensamento matemático; quando os alunos se comunicam matematicamente, recordam, compreendem e usam os conhecimentos anteriores na aquisição de novos conhecimentos. Assim, os alunos aumentam e aprofundam o seu conhecimento matemático quando interagem com as ideias dos outros, ao falar sobre matemática. Eles usam a linguagem não só para expressar os seus pensamentos, mas também para partilhar significados, para compreender argumentos dos outros alunos e do professor, desenvolvendo a sua capacidade de comunicação matemática.

(iii) *Meio de promover o desenvolvimento de significados matemáticos:* a construção de significados matemáticos evolui por etapas sucessivas, quando é realizada de forma pública, levando em conta o seu aspecto oral por parte dos alunos, e regulada pelo professor. Porém, para que isso aconteça, é necessário que os alunos se sintam à vontade para intervir e que também saibam se autorregular para intervir a propósito e de forma adequada.

Os significados matemáticos emergem das conexões entre as ideias matemáticas em discussão e os outros conhecimentos pessoais dos alunos. São fundamentais a exteriorização e a partilha dos pensamentos dos alunos e do professor, tornando claras as ideias por meio da utilização de questões e analogias, e a existência de estratégias deliberadas e específicas do professor para desenvolver a negociação de significados matemáticos, tais como a modificação e a adequação matemática da linguagem dos alunos e o encorajamento para a procura de esquemas e generalidades dos resultados.

Considerações Finais

Neste capítulo, tivemos como objetivo fazer uma discussão teórica sobre a comunicação matemática e como ela se relaciona com as práticas letivas de professores. Dessa forma, tratamos a comunicação que ocorre nas aulas de matemática como um aspecto das práticas letivas de professores. Para alcançar o objetivo proposto, escolhemos a revisão de literatura como procedimento metodológico.

Consideramos que as práticas letivas dos professores, suas decisões e ações enfatizam o modo como os alunos irão aprender. Dessa maneira, o discurso deve acontecer de forma organizada, com o objetivo de que a comunicação nas aulas de matemática ocorra de forma clara, atendendo às necessidades que se apresentarem no processo de ensino-aprendizagem. No caso dos professores em formação inicial, essa percepção nem sempre está aflorada, mas deve ser posta como um exercício a ser praticado desde então.

Na tentativa de entender e interpretar as mensagens que são trocadas em sala de aula, chegamos às relações que existem entre os modos de comunicação, os níveis de comunicação e os tipos de questões. Essas relações serão mostradas neste quadro comparativo (Quadro 1):

Quadro 1: Comparativo entre dimensões do objeto de pesquisa

Modos de Comunicação	**Níveis de Comunicação**	**Tipos de Questões**
Unidirecional	Instrumento de regulação	Confirmação
Contributiva	Meio de promover a capacidade de comunicação dos alunos	Focalização
Reflexivo-instrutiva	Meio de promover o desenvolvimento de significados matemáticos	Inquirição

Fonte: acervo dos pesquisadores.

No Quadro 1, comparativo entre as dimensões dos objetos de pesquisa: modos de comunicação, níveis de comunicação e tipos de questões; suas características se relacionam de forma linear. Em uma comunicação do tipo unidirecional na qual o discurso emerge do professor, esse discurso será usado como um instrumento de regulação do professor com o objetivo de testar o conhecimento do aluno por meio de perguntas de confirmação.

Seguindo esse tipo de reflexão, podemos estabelecer relações também com o modo de comunicação contributiva, que é um meio de promover a capacidade de comunicação dos alunos e questões do tipo de focalização, finalizando com o modo de comunicação reflexivo-instrucional como uma forma de promover o desenvolvimento de significados matemáticos e questões do tipo de inquirição. Esses objetos e dimensões estão presentes na comunicação que acontece em sala de aula; a frequência de seus usos é determinada pelas práticas letivas das professoras.

No desenvolvimento de todo o processo comunicativo, não podemos deixar de destacar que professores e alunos têm papéis diferentes, porém ambos importantes. Numa analogia simples, podemos imaginar a sala de aula como uma orquestra, em que o professor é o maestro e os alunos, os músicos. Para que a melodia seja harmoniosa, além de existir uma interação entre o grupo, todos devem ter conhecimento da linguagem musical.

Referências

ALRO, H.; SKOVSMOSE, O. **Diálogo e aprendizagem em educação matemática**. 2. ed. Belo Horizonte: Autêntica, 2010.

BALL, R. **Pedagogia da comunicação**. Lisboa: Publicações Europa – América, 1973. (Coleção Saber).

BRENDEFUR, J.; FRYKHOLM, J. Promoting mathematical communication in the classroom: two preservice teacher's conceptions and practices. **Journal of Mathematics Teacher Education**, n. 3, p.125-153, 2000.

CRESWELL, J. W. **Projeto de pesquisa:** métodos qualitativo, quantitativo e misto. 3.ed. Porto Alegre: Artmed, 2010.

D'AMBROSIO, U. **Educação matemática:** da teoria à prática. 23. ed. Campinas, SP: Papirus, 2014. (Coleção Perspectivas em Educação Matemática).

GIL, A. C. **Como elaborar projetos de pesquisa**. 5. ed. São Paulo: Atlas, 2010.

LEMBERGER, J.; HEWSON, P.; PARK, H. J. Relationships between prospective secondary teachers' classroom practice and their conceptions of biology and of teaching science. **Science Education**, v. 83, n. 3, p. 337-371, 1999.

MARTINHO, M. H.; PONTE, J. P. A comunicação na sala de aula de matemática: Um campo de desenvolvimento profissional do professor. *In*: CONGRESSO IBERO-AMERICANO DE EDUCAÇÃO MATEMÁTICA - CIBEM, 5., 2005, Porto. **Anais**. Porto: CIBEM, 2005.

MELLADO, V. Concepciones y practicas de aula de profesores de ciencias, em formación inicial de primaria y secundaria. **Enseñanza de lãs Ciencias**, Vigo, v. 14, n. 3, p. 289-302, 1996.

MENEZES, L. *et al.* Essay on the role of teachers' questioning in inquiry-based mathematics teaching. **Sisyphus Journal of Education**, Lisboa, v. 1, n. 3, p. 44-75, 2013.

MENEZES, L. *et al.* Comunicação nas práticas letivas dos professores de Matemática. *In*: PONTE, J. P. (org.). **Práticas profissionais dos professores de matemática**. Lisboa: IEUL, 2014. p. 135-161.

PONTE, J. P. Tarefas no ensino e na aprendizagem da Matemática. *In*: PONTE, J. P. (org.). **Práticas profissionais dos professores de matemática**. Lisboa: Instituto de Educação da Universidade de Lisboa, 2014. p. 13-30. (Coleção Encontros de Educação).

PONTE, J. P.; SERRAZINA, L. Práticas profissionais dos professores de Matemática. **Quadrante**, Lisboa, v. 13, n. 2, p. 51-74, 2004.

PONTE, J. P.; QUARESMA, M.; BRANCO, N. Práticas profissionais dos professores de Matemática. **Avances de Investigación em Educación Matemática** (AIEM), Espanha, n. 1, p. 65-86, 2012.

SANTOS, V. Linguagens e comunicação na aula de matemática. *In*: NACARATO, A.; LOPES, C. (org.). **Escritas e leituras na educação matemática**. Belo Horizonte: Autêntica, 2005. p. 117-125.

SHULMAN, L. Renewing the pedagogy of teacher education: The impact of subject-specific conceptions of teaching. *In*: MONTERO, L.; VEZ, J. (ed.). **Las didacticas específicas em la formación del profesorado**. Santiago de Compostela: Tórculo Ediciones, 1993. p. 53-69.

TARDIF, M. **Saberes docentes e formação profissional**. 17. ed. Petrópolis: Vozes, 2014.

Prática Avaliativa Movimentada nos Anos Iniciais: ensino de matemática em foco

Maria Augusta Raposo de Barros Brito
Josete Leal Dias

Introdução

Este capítulo é resultado da tese intitulada *Avaliação em Matemática nos Anos Iniciais do Ensino Fundamental: práticas aceitas e movimentadas no cotidiano escolar*, vinculada ao Programa de Doutorado em Educação em Ciências e Matemáticas (PPGCEM-UFPA). A pesquisa fez parte do Projeto de Cooperação Internacional com a Universidade de Évora em Portugal, intitulado Avaliação e Ensino na Educação Básica em Portugal e no Brasil: relações com as aprendizagens – AERA sob o apoio do Edital FCT/CAPES.

Escrever este capítulo tem como pano de fundo a referida tese, em meio às orientações do Sistema Educacional vigente, determinando à escola e aos professores a responsabilidade de prepararem os discentes para a vida em sociedade. Ao nosso ver, para alcançar essa determinação, espera-se que os docentes naveguem pelas águas da reflexão em busca de (re)inventar a aula e pensar maneiras desafiadoras de conduzir os discentes a construírem suas aprendizagens. Nessa direção, dentre outras variáveis, destacamos o papel da Avaliação da Aprendizagem, que, de acordo com Vasconcellos (1994, p. 53),

> é um processo abrangente da existência humana, que implica reflexão crítica sobre a prática, no sentido de captar os avanços, as resistências e as dificuldades, possibilitando tomada de decisão e soluções para superação dos obstáculos.

A escola, sendo herdeira de tradições em diferentes tendências pedagógicas, assume determinadas práticas avaliativas que podem contribuir ou não para a manutenção das diferenças sociais, por meio, além da avaliação, da seleção de conteúdo, do ritual do ensino, do uso de métodos e técnicas. Esses intervenientes são vivenciados de maneira institucionalizada e por que não dizer, de maneira tácita, nas práticas de avaliação escolar. Desse modo, debater, refletir e buscar compreender a avaliação em um espectro amplo se faz necessário. Essas diferenças serão minoradas, entre outras medidas pedagógicas, pela assunção de uma coerência teórica em torno da avaliação. De seus múltiplos aspectos, se faz necessária a adoção de um novo fazer no processo de ensino-avaliação-aprendizagem para que se articule a prática avaliativa aos objetivos do currículo. Isto é, não se pode perder de vista a dimensão pedagógica da avaliação e confundí-la com a essência dos exames. Nesse sentido, cabe anunciar Bachellard (1996), para quem somente à partir de uma racionalidade científica, de um conhecimento aberto, poderemos tornar a escola um lugar de proposições. Assim,

> [...] toda cultura científica deve começar [...] por uma catarse intelectual e afetiva. Resta, então, a tarefa mais difícil: colocar a cultura científica em estado de mobilização permanente, substituir o saber fechado e estático por um conhecimento aberto e dinâmico, dialetizar todas as variáveis experimentais, oferecer enfim à razão razões para evoluir (BACHELARD 1996, p. 14).

Nesse sentido, há possibilidades de se pensar em uma pedagogia-científica em vista a uma prática avaliativa em uma perspectiva dialógica e crítica, e assim minimizar o determinismo científico no ritual da aula. Isso nos leva a compreender a avaliação como substância em que sua contextura é complexa. Somente pela ruptura do senso comum, do pragmatismo ingênuo a respeito da avaliação é que a escola tornará o processo avaliativo como sucessivas aproximações da cultura experimental que a própria avaliação é envolvida.

Para esse capítulo, apresentaremos um recorte das observações e entrevistas de aulas de matemática nos anos iniciais, cuja finalidade foi evidenciar a dinâmica avaliativa instituída a partir de uma matriz ou guião de observação – apresentado na Tese – que, entre outros objetivos, buscava cartografar a natureza, objeto, dinâmica, instrumentos, entre outras dimensões da avaliação da aprendizagem. Este guião continha os seguintes objetos: prática de ensino, práticas de avaliação e aprendizagem dos alunos com seus correspondentes analíticos.

A observação envolveu três professores de escolas públicas que fizeram parte de um acordo bilateral Brasil (Belém)-Portugal (Èvora). Na fase de observação, no acontecimento da aula, tínhamos a tarefa como ponto fulcral, e a partir desta, compreender como os aspectos teóricos sobre a avaliação se manifestavam no exercício da prática. Compreendíamos que por meio da Tarefa era possível se pensar sobre diversos pressupostos, tais como: o paradigma que se fazia marcante na tarefa planejada, a possibilidade de uma determinada tarefa articular ou não o ensino, a aprendizagem e a avaliação, tornando-se a pedra angular do processo pedagógico. Ou seja, verificar se a natureza e a diversidade da tarefa apresentavam a possibilidade de buscar "as razões para evoluir", no campo daa avaliação, e assim, buscar uma racionalidade que vise articular na prática a maturidade posta no campo terórico em relação à avaliação da aprendizagem. Para este capítulo, nos interessa apresentar um dos achados da pesquisa supracitada, a qual nomeadamente categorizamos como *racionalidade aproximada*. Isso significa que a partir dos pressupostos bachelardianos, destacaremos uma prática avaliativa, a começar por uma Tarefa com traços de integração dos processos de eninar-aprender e avaliar.

Avaliar para aprender

O tema "avaliação da aprendizagem", presente desde os tempos dos Jesuítas, assume uma tradição em tratar os conteúdos disciplinares – dentre os quais, a matemática e seus códigos – como se fossem familiares aos alunos, centralizando as potências individuais como cerne do processo. Desse modo, a avaliação servindo a este propósito tem sobrevivido aos tempos como um dos mecanismos de seleção. Hoffmann (2006, p. 22) assevera que *o significado da avaliação alcança patamar universal*, e por isso tem sentido diferente do atribuído em nosso cotidiano. É um termo polissêmico, plurirreferencial, pois, segundo Sobrinho (2002, p. 15),

> necessita de uma pluralidade de enfoques e a cooperação ou a concorrência de diversos ramos de conhecimentos e metodologias de várias áreas, não somente para que seja minimamente entendida ou reconhecida intelectualmente, mas para ser exercitada concretamente de modo fundamentado.

Pensar em avaliar para apreender nos alerta a pensar a racionalidade posta em nosso cotidiano pedagógico, e assim colocar a prática avaliativa em um estado de constante mobilização, de questionamento no sentido de fazer o que Bachelard afirmou: buscar razões para evoluir e, assim, problematizar a própria prática, no sentido de caracterizar a prática de ensino e a prática de avaliação vivenciada, para que desse modo, possamos indagar: quais práticas avaliativas são promotoras de aprendizagem? Como os alunos respondem às estratégias implementadas no contexto da aula? Quais tarefas desafiam os alunos a sererm autônomos e coavaliadores de suas aprendizagens? Que paradigma sustenta a prática docente com vista a alcançar o próposito do ensino? Bachelard, filosofo da razão e da imaginação, ao lançar sua obra nos permite tratar a avaliação como um conhecimento histórico, construído.

Assumir uma prática avaliativa em que avaliar seja aprender exige o exercício do pensar, criar novos objetos de conhecimento com vista a aguçar a predominância do "conhecimento abstrato e científico sobre o conhecimento primeiro e intuitivo" (BACHELARD, 1996). A avaliação como objeto de conhecimento não está dado e muito menos é absoluto, é um fenômeno fruto de múltiplas relações sendo permanentemente construído. Por isso, ao buscar razões para evoluir é, de crucial importância reconhecer que dado referencial teórico e sua apreensão no contexto da prática, há uma demanda que determinada ação pedagógica, ou seja, cabe ao professor questionar se há uma demanda por determinada ação.

Com isto é possível afirmar que, se no cotidiano escolar, avaliar está circunscrito a uma ação rotineira sem "rigor", então é preciso buscar a clareza da natureza e das funções da avaliação para que saíamos do conhecimento/realismo ingênuo como adjetiva Bachelard, pois,

> a forma como a avaliação se organiza e se desenvolve nas salas de aula, nas escolas ou nos sistemas educativos não é independente das concepções que se sustentam acerca da aprendizagem. Pelo contrário, há quase uma relação de causa-efeito entre o que pensamos, ou o que sabemos, acerca das formas como os alunos aprendem e as formas como avaliamos as suas aprendizagens (FERNANDES, 2005, p. 24-25).

Nesse sentido, a avaliação contribui para regular os processos, reforçar sucessos e intervir nas dificuldades dos alunos em um plano colaborativo entre os sujeitos, sem com isso se perder de vista a função pedagógica de cada um dos atores. A avaliação não é uma mera medida, tampouco uma questão técnica resultado do uso de determinados instrumentos. É eminentemente pedagógica e tem que estar necessariamente articulada com a aprendizagem e com o ensino. (PINTO; SANTOS, 2006, p. 54).

Em se tratando do ensino de matemática (BRASIL, 1998, p. 37), a prática mais frequente, nos anos iniciais, tem sido aquela em que o professor apresenta o conteúdo oralmente, partindo de definições, exemplos, demonstrações de propriedades, seguidos de exercícios de aprendizagem, fixação e ampliação, e pressupõe que o aluno aprenda pela reprodução, pois,

> os docentes parecem continuar a estar mais preocupados com o ensino de conteúdos específicos das disciplinas e menos com o funcionamento dos processos cognitivos e dos erros dos alunos. Ora o trabalho sobre o erro parece ser estratégias poderosas de aprendizagem, em que a avaliação se coloca de facto como um processo de assistência à aprendizagem (BARREIRA; PINTO, 2005, p. 59).

A percepção das práticas avaliativas em matemática aparece fortemente representada por uma compreensão de que avaliar é um processo no qual prioritariamente se realizam exercícios, tarefas, testes e se atribuem notas. Isso vai de encontro ao sentido de avaliação "assumida como avaliação do e no processo e, portanto, um meio que subsidia a retomada da própria aprendizagem" (BURIASCO, 2002, p. 258).

Olhando para os argumentos apresentados, é possível verificar que as práticas avaliativas ainda carecem de estudos e intervenções para o alcance dos propósitos que a legislação e o debate teórico apresentam*: a necessidade de se realizar uma avaliação para aprender.* Indagar sobre a existência de práticas arraigadas a parâmetros meritocráticos mexe sobremaneira com a visão que temos de ensino, de aprendizagem e de avaliação.

Podemos dizer que pesquisar aulas como fenômeno investigativo e conhecer os modos de organização do ensino poderá trazer contribuições significativas para o alcance de uma avaliação que qualifique a aprendizagem. A esse respeito, citamos o estudo de Borralho e Lucena (2015), indicando que, no Brasil, nos anos iniciais, foi possível detectar que: a) quanto ao ensino – é bastante centrado no professor e as tarefas têm características rotineiras e vocacionadas para o "treino" de procedimentos em ambientes muito próximos daqueles que são praticados nos próprios exames (provas); b) quanto à aprendizagem – particularmente –, é necessário investir na participação dos alunos no sentido de contribuir para que aprendam melhor e de forma autônoma; c) quanto à avaliação – indica que maior inclinação para classificar os alunos no final dos períodos escolares.

Tais resultados indicam a necessidade de se pensar a respeito das práticas de avaliação nos anos iniciais e seus desdobramentos; por meio de pesquisas que adentrem a aula. Planejar e refletir sobre as tarefas e, por conseguinte, sobre a avaliação tornará cada vez mais acessíveis os contornos pelos quais as práticas de ensino se consolidam. Sabemos que a avaliação é uma prática social e como tal revela rituais aceitos "secularmente" como os possíveis, naturais, normais e até os mais adequados. Ainda, em relação aos anos iniciais, a pesquisa de Boff (2010, p.40) indicou que embora os professores apresentassem, em suas falas, a importância da avaliação formativa, mesmo em meio a muitas inconsistências entre os argumentos e a teoria a respeito, os professores pesquisados, no processo avaliativo, utilizavam somente provas no âmbito da avaliação.

Talvez esse descompasso possa-nos sugerir a necessidade de uma racionalidade que venha propor e viabilizar ações de práticas avaliativas em que seja claro qual o uso que o professor vai dar à avaliação que realiza na sua sala de aula, pois como afirma Bachelard (1996, p. 308), "[...] O espírito científico proíbe-nos de ter uma opinião sobre questões que não compreendemos, sobre questões que não sabemos formular claramente". É preciso, antes de tudo, saber formular problemas. Eis aí o nosso convite, formularmos perguntas para movimentarmos uma prática em que avaliar seja aprender.

Avaliação em Sala de Aula: um olhar aproximado

Atualmente, muito tem se escrito e discutido sobre a questão da prática avaliativa. No entanto, a literatura existente e as discussões que se desenvolvem sobre esse tema, muitas vezes, não chegam aos professores de modo a favorecer o uso da avaliação na perspectiva da aprendizagem. A clareza, a lucidez e o amparo teórico sobre o tema são elementos fundamentais para que o professor desenvolva uma prática avaliativa para aprendizagem e, assim, se possa contribuir para a qualidade do ensino e da aprendizagem.

Discutir ou clarificar conceitos e natureza da avaliação no espaço escola/ sala de aula parece-nos ser crucial, bem como seria interessante que os resultados das aprendizagens orientassem reflexões sobre a prática pedagógica, pois

> parte do insucesso poderá estar relacionada com as práticas dos professores, uma vez que estes não fazem a contextualização das situações de aprendizagem, sendo o que prevalece na sala de aula são as exposições do professor e a resolução sistemática de exercício (FERNANDES, 2008, p. 27)

Desse modo, qualquer mudança nas práticas avaliativas decorrerá das finalidades "do por quê e para quê e como" avaliar as aprendizagens à medida que os atores sejam ativos nas aulas, assumindo seus respectivos papéis. De acordo com Brito (2018), cabe-nos refletir sobre como se organiza a Racionalidade Docente em relação ao campo teórico da avaliação em matemática com o intuito de promover a aprendizagem. Investigar a aula, em especial de matemática nos anos iniciais, tem despertado interesse na literatura.

Aliar o debate teórico ao exercício da prática avaliativa traduz a possibilidade de tornar o objeto – avaliação – em suspeição. A esse respeito podemos citar Dias e Santos (2013), que em um trabalho colaborativo sobre práticas avaliativas consideraram que os dois professores investigados tiveram dificuldade em redigir o *feedback* adequado a cada situação da Tarefa, em particular, esclarecer o aluno, por meio da escrita, do que era necessário concretizar em cada um dos itens propostos. Podemos citar, nessa lógica, Oliveira (2020,p. 7), para quem a avaliação, em especial a formativa, que embora estivesse no discurso e nas diretrizes de avaliação educacional orientando a adoção desta modalidade de avaliação, o que sugere o uso do *feedback* como preponderante na aula, os professores de matemática desconheciam as características desse tipo de avaliação e pouco compreendiam como o *feedback* poderia subsidiar práticas avaliativas formativas. Tanto a falta de compreensão quanto o desconhecimento são decorrentes de formações em que a temática é pouco abordada, da precária utilização dos espaços formativos nas escolas em que atuam e por influência do senso comum a respeito dos conceitos de avaliação.

Compreender o que acontece nas aulas de matemática é uma ferramenta que auxilia a movimentar práticas avaliativas com vista a uma prática formativa. Como as citadas, a seguir traremos o estudo de caso de Brito (2018) como contributo a fortalecer esta vertente pesquisativa. Baseada nos pressupostos de Bachelard (1996), das práticas avaliativas analisadas, chegamos a duas categorias: racionalidade *Instituída* e a racionalidade *Aproximada*. Enquanto a primeira foi relacionada com práticas avaliativas ortodoxas; a segunda, por vezes, apresentava indícios de uma avaliação formativa. Dito isto, assumimos como *racionalidade aproximada* as práticas de avaliação em que à dimensão/articulação entre os processos de ensino/avaliação/aprendizagem se fez, mesmo que minimamente, presente. A experiência a ser apresentada refere-se a racionalidade aproximada. Como já referido, as observações foram de tarefas de sala de aula com cerca de 12 aulas e as entrevistas foram individualizadas, seguindo a orientação da Matriz do Projeto AERA. Tanto professores quanto alunos foram identificados por letras e números. Como síntese, nesta escrita, apresentaremos os achados dos objetos: ensino, avaliação e aprendizagem com suas respectivas dimensões sobre a prática avaliativa de uma docente, que nos proporcionou observar uma avaliação integrada ao ensino e à aprendizagem.

Nessa direção, dentre os professores observados, destacaremos os excertos da turma da professora, identificada como Professora-Y (P.A.I.Y), e as seguintes dimensões: papel do professor, dinâmica da aula, instrumentos avaliativos utilizados, uso do *feedback*, natureza e dinâmica da avaliação.

- **Papel do professor:** o professor passou a ter menos centralidade, isto porque, nas aulas observadas, tinha o papel de motivar, interrogar e interagir com os alunos. O foco eram as estratégias usadas pelos alunos e de como buscavam regular o processo de aprendizagem. O professor partilhava a regulação da aprendizagem com os alunos:

Tarefa de sala de aula

Figura 1 – Tarefa de sala de aula (ficha entregue pela professora)

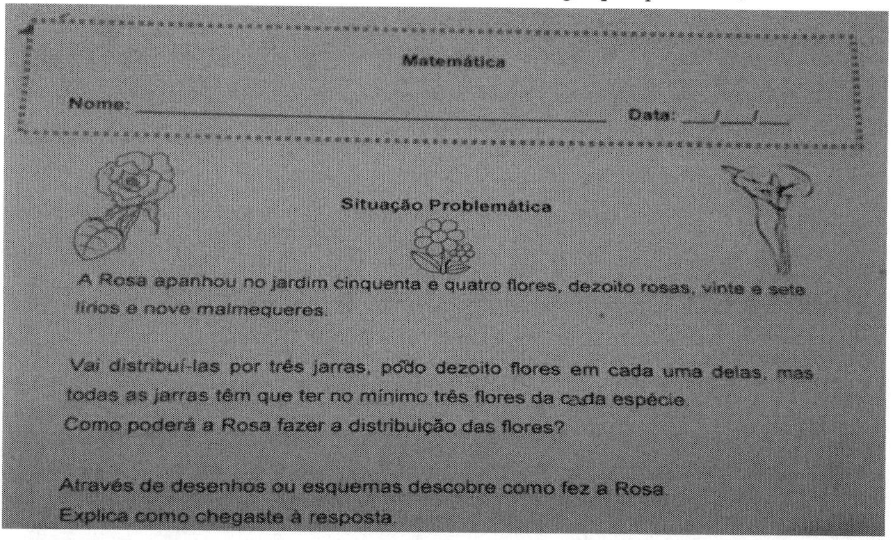

Matemática

Nome: ______________________ Data: __/__/__

Situação Problemática

A Rosa apanhou no jardim cinquenta e quatro flores, dezoito rosas, vinte e sete lírios e nove malmequeres.

Vai distribuí-las por três jarras, pôdo dezoito flores em cada uma delas, mas todas as jarras têm que ter no mínimo três flores da cada espécie.
Como poderá a Rosa fazer a distribuição das flores?

Através de desenhos ou esquemas descobre como fez a Rosa.
Explica como chegaste à resposta.

Fonte: Brito (2015)

- **Papel do professor**: o professor passou a ter menos centralidade, isto porque, nas aulas observadas, tinha o papel de motivar, interrogar e interagir com os alunos. O foco eram as estratégias usadas pelos alunos e de como buscavam regular o processo de aprendizagem. O professor partilhava a regulação da aprendizagem com os alunos:

> Professor: Trabalhou bem a dupla! Tiveram alguma dificuldade? Por que têm que começar dividindo por três?
> Aluno: O problema dizia que eram três jarras

- **Dinâmica da aula**: as tarefas eram diversificadas, às vezes de caráter aberto, outras não. Geralmente, as tarefas do livro eram auxiliares, ou seja, serviam como reforço, mas as tarefas abertas eram sempre as que iniciavam as aulas de caráter interativo, a aula era organizada de modo a iniciar por meio de uma situação-problema referente ao conteúdo a ser estudado. Geralmente, a tarefa era planejada para duplas e com fortes tendências a proporcionar o debate coletivo a partir da explicação de cada grupo a respeito das estratégias usadas para resolver o problema proposto.

A dinâmica da aula era sempre envolvida por uma atmosfera de questionamentos, tanto conceituais quanto atitudinais, e aos alunos eram sempre perguntados como realizavam as suas estratégias: *Trabalhou bem a dupla? Tiveram alguma dificuldade? Qual?*

Neste movimento, o professor enfatizava para a dupla que estava fazendo a resolução da tarefa, que eles não poderiam dizer que o problema estava errado, e sim dizer que estava incompleto. O professor sempre oferecia pistas conceituais para o alcance da solução esperada à situação-problema.

Figura 2 – Estratégia de resolução-problema da tarefa da figura 1.

Fonte: Brito (2015).

> Professor: Como pensaram para colocar 4 rosas, 10 lírios e 4 malmequeres?
> Pesquisador: E continuam as perguntas pelo professor:
> - Quantas eram as rosas?
> - Olhe na folha de papel. Não respondam, turma. Deixem a dupla perceber. Quantas eram as rosas? Eles responderam 18 rosas. De onde apareceu esse 18? Onde apareceu os 10 lírios? Como chegaram à conclusão que eram 10 lírios? O que você fez com os malmequeres?

Em meio às intervenções, o aluno falou: *Agora percebi, vou desenhar as jarras.*

- **Instrumentos**: os professores usam testes, tarefas de sala de aula, e provas para a avaliação somativa. As tarefas diárias eram consideradas pontos fundamentais para as evidências da aprendizagem integrando a avaliação como um todo. O exemplo, a seguir, indica como a tarefa de aula era muito bem aproveitada para essas evidências. Ao perceber que o aluno apresentava dificuldades na resolução, este aluno era convidado a expor suas estratégias.

Figura 3 – Estratégia de resolução da tarefa da figura 1.

Fonte: produção da autora (BRITO, 2015).

Ao refazer a estratégia, a professora retorna o debate dizendo: *tens que colocar os resultados aí. Isso mesmo! Percebeste. "Vamos ultrapassar a situação".*E deste modo, as estratégias eram ponto de reflexão para a turma.

- **Uso de *feedback*:** o *feedback* era central, com caraterística formativa e mais eficaz para a aprendizagem dos alunos, uma vez que os ajudava a aprender e a saber como aprender. Havia preocupação em oferecer *feedback* positivo, indicando pontos fortes indicando em que melhorar, bem como oferecia pistas de como melhorar. Em geral de caráter oral e coletivo.

> Professora – O essencial, o importante desta atividade é você explicar aos colegas como é que pensou! Vamos! Diga lá! Muito bem, teu raciocínio está correto. Mais alguém que tenha pensado diferente?
> Professora – Lembrem que há vários caminhos, resoluções para chegar a um mesmo resultado.

O *feedback* era oral e sistemático, um reforço positivo nos momentos em que a professora indicava as lacunas conceituais que os alunos precisavam vencer para alcançar os objetivos da aula. Não observamos nas aulas, *feedback* escrito.

> O essencial, o importante desta atividade é você explicar aos colegas como é que pensou! Muito bem, teu raciocínio está correto (valoriza a troca de experiência). Mas, alguém fez diferente? Alexandre, estás de acordo com o pensamento de Santos? Quero o raciocínio! Tens que ter a pergunta à frente! Eu quero saber se, perceberam a resolução do problema? Ah! Qualquer coisa não está bem! Vamos às dúvidas! Temos que ter a cabeça a funcionar! (P.A.I.Y),

- **Natureza da avaliação:** a avaliação buscava apoiar as aprendizagens, mas ainda se percebia preocupação em classificar as aprendizagens. O uso da avaliação contínua estava muito relacionado ao alcance da avaliação somativa. Houve a presença da avaliação formativa, pois a tarefa era o ponto fundamental para avaliar as aprendizagens no processo da aula.

Figura 4 – Professor orientando as equipes. Tarefa figura 1.

Fonte: produção da autora (BRITO, 2015).

Foi possível observar a utilização de toda a informação recolhida no âmbito da avaliação formativa, pois, na entrevista o professor manifestou que:

> Tudo que nós fazemos da porta da sala pra dentro é para avaliar, é sempre pra avaliar. Eu digo isso tantas vezes para eles perceberem que eu estou sempre atento àquilo que eles fazem e às dificuldades que eles têm.

Assim, a avaliação verificava o que foi aprendido pelo aluno e o que o aluno era capaz de fazer sozinho. A avaliação formativa estava muito presente na prática do professor por utilizar o *feedback* contínuo e de qualidade. Quanto à somativa, embora se percebesse indícios de classificação, a avaliação era muito mais para apoiar a aprendizagem que para classificar, mas a sombra da avaliação classificatória se fazia presente, assim afirma:

> Há um momento em que, formalmente, eu tenho que ter avaliação, que é no final dos períodos, formalmente porque eu tenho que ter uma ficha. Essa é aquela avaliação mais formal que eu tenho que fazer, pois tenho que mostrar aos pais, mas continuamente, que eu estou a avaliar quando eu vou fazer a ficha; eu já sei quem é que consegue, quem não consegue, eu já sei como é que a coisa vai funcionar.

- **Dinâmica da avaliação:** a avaliação tinha caráter de horizontalidade, pois o professor planejava suas tarefas de modo a permitir ao aluno participar do processo por meio da hetoroavaliação, discussão dos padrões de sucesso, dos critérios de avaliação. Para esta regulação, o professor se dirigia até as carteiras para interrogar sempre os alunos, mas nessa intervenção o professor não dava a resposta correta, ao contrário, estimulava o aluno e/ou grupos de alunos a pensar(em) sobre suas estratégias de resolução. As intervenções docentes eram sempre acompanhadas de feedback qualitativo, no sentido de proporcionar ao aluno avançar na compreensão do objeto de aprendizagem. A mediação era manifestada por meio do uso de determinadas expressões, tais como: "Pensas bem", "Veja lá, vamos, ajude seu colega a fazer" (P.A.I.Y).

Os alunos vivenciaram *feedback* qualitativo, tarefas de naturezas distintas, interação, auto e heteroavaliação, modalidades de avaliação diversas, mas para eles, a avaliação serve:

> Entrevistadora: E serve pra quê?
> Aluno 1: Para aprender. Serve para nos pôr à prova.
> Aluno 2: Serve para aprender a pensar.
> Aluno 3: Para ver se conseguimos pensar bem sobre as coisas.
> Entrevistadora: O que é avaliação?
> Aluno 1: É boa.
> Aluno 2: Eu penso que avaliação é uma coisa para nos testar, para ver se nós passamos de ano, se não passamos. A avaliação é toda esta coisa.
> Aluno 3: A avaliação é para nos testar a ver se somos bons na matéria.
> Aluno 4: É pra saber se conseguimos passar de ano ou não.

Isto reverbera na tradição escolar – avaliar para classificar – uma força que desde os jesuítas aos dias atuais tem se mostrado prevalente no contexto escolar. Isto demanda que, para além de mensurar a avaliação, deve identificar práticas intraescolares que impactam na aprendizagem, para que se possa debater quais elementos estruturais são determinantes nessas mesmas práticas no sentido de averiguar seus ritos, linguagem e valores que perpetuam práticas e ou ideias meritocráticas quando se coloca a avaliação em ação.

Considerações Finais

Como foi possível observar, o professor, na perspectiva da racionalidade aproximada, destacava a comunicação, o que passou a ter presença marcante, tanto entre professor e aluno quanto entre os pares; ainda nessa perspectiva de racionalidade, destacamos a presença da heteroavaliação, de modo assistemático, possibilitando aos alunos tomarem para si a responsabilidade de resolver as tarefas para consolidar a aprendizagem durante as aulas observadas. Como visto, a professora, por apresentar uma prática interativa em que os alunos eram motivados a pensar sobre suas estratégias de resolução, favorecia o acontecimento de uma avaliação processual e, assim, a aprendizagem era constantemente regulada, tanto com orientações nos grupos quanto individualmente.

Destacamos algo importante nas aulas observadas, qual seja, a natureza da avaliação. Percebemos que a avaliação formativa esteve presente, pois havia fortes indícios de que a aula expressava nomeadamente identificar onde os alunos estavam e que deveriam chegar para o alcance dos objetivos. Deste modo, podemos dizer que nessa racionalidade pode-se evidenciar a interação entre o professor e o aluno, observando o que Bachelard (1996) reconhece nas práticas de ensino como *método de construção de conhecimento.*

Por meio dessa pesquisa, foi possível perceber a interação da avaliação com o ensino e com a aprendizagem, nisto reside o fundamental: o papel do professor como sujeito de uma racionalidade inspirada em elementos científicos em que a mesma tarefa serve aos propósitos do ensino, da avaliação e da aprendizagem.

Compreendendo o papel da tarefa, e mesmo de posse de uma preocupação por parte da professora em tornar a tarefa um elemento de debate de reflexão, podemos nos apoiar em Vasconcellos (2010) quando este autor nos remete ao imprint social da avaliação, ou seja, podemos verificar a partir dos excertos citados, que mesmo a professora buscando fazer da avaliação um processo para a aprendizagem, ainda assim, os alunos reforçam o *status quo* herdeiro da avaliação como medida, quando observamos a fala do aluno (2): *eu penso que avaliação é uma coisa para nos testar, para ver se nós passamos de ano, se não passamos. A avaliação é toda esta coisa.* Isto nos adverte que a avaliação é uma prática que necessita ser compreendida como aprendizagem por todos os sujeitos, e o papel de desmistificar a avaliação como medida é da escola, disto remete-nos a optar por uma escola em que a inculcação de habitus e comportamentos sejam permanentemente acolhidos em uma pedagogia científica, do contrário a cultura meritocrática da escola permanecerá ativa.

Referências

BARREIRA, C.; PINTO, J. A investigação em Portugal sobre a avaliação das aprendizagens dos alunos (1990-2005). **Investigar em Educação**, v. 4, p. 21-105, 2005.

BACHELARD, Gaston. **A formação do espírito científico**: contribuição para uma psicanálise do conhecimento. Rio de Janeiro: Contraponto, 1996. 314 p.

BOFF, Maria Aparecida Evaldt. **Avaliação da aprendizagem nas Séries Iniciais.** Trabalho de Conclusão de Curso, apresentado como requisito parcial para a obtenção do título de Licenciatura em Pedagogia pela Faculdade de Educação da Universidade Federal do Rio Grande do Sul. PORTO ALEGRE 2º SEMESTRE 2010. https://lume.ufrgs.br/bitstream/handle/10183/142826/000993637.pdf?sequence=1

BORRALHO, António; LUCENA, Isabel. Avaliação e Ensino na Educação Básica em Portugal e no Brasil: relações com as aprendizagens. *In*: Seminário Internacional de Pesquisa em Educação Matemática, 6., 2015, Pirenópolis. **Anais** [...]. Pirenópolis: [s. n.], 2015.

BORRALHO, A.; LUCENA, I.; BRITO, M. A. Avaliar para melhorar as aprendizagens matemáticas. Coleção IV. v 7. **Educação Matemática**, 2015.

BRASIL. MEC. CNE. 1998a. **Parecer CEB 04/98.** Diretrizes Curriculares Nacionais para o Ensino Fundamental. Brasília: Câmara de Educação Básica do Conselho Nacional de Educação, 29/01/1998.

BRASIL. Ministério da Educação. Conselho Nacional de Educação. **Parecer CNE/CP Nº: 5/2020.** Brasília, DF: Ministério da Educação, 28 abr. 2020. Assunto: Reorganização do Calendário Escolar e da possibilidade de cômputo de atividades não presenciais para fins de cumprimento da carga horária mínima anual, em razão da Pandemia da COVID-19;

BRITO, M. A. R. B. **Avaliação em Matemática nos anos iniciais do Ensino Fundamental: práticas aceitas e movimentadas no cotidiano escolar.** Tese (Doutorado) - Programa de Pós-Graduação em Educação em Ciências e Matemáticas, Instituto de Educação Matemática e Científica, Universidade Federal do Pará, Belém, 2018. 113 f.

BURIASCO, R. L. C. Sobre Avaliação em Matemática: uma reflexão. **Educação em Revista.** Belo Horizonte/ UFMG. n. 36 dez. 2002.

DIAS, Paulo; SANTOS, Leonor. Práticas avaliativas para a promoção da autorregulação da aprendizagem matemática: O feedback escrito em relatórios escritos em duas fases. **De que modo as Quadrante**, v. 22, n. 2, 2013. Disponível em: https://quadrante.apm.pt/article/view/22892/16958

FERNANDES, D. **Avaliar para aprender**: fundamentos, práticas e políticas. São Paulo: Editora UNESP, 2008.

FERNANDES, D. **Avaliação das aprendizagens**: reflectir, agir e transformar. In Futuro Congressos e Eventos (ed.), Livro do 3.º Congresso Internacional Sobre Avaliação na Educação. Curitiba: Futuro Eventos , 2005, p. 65-78.

HOFFMANN, J. M. L. **Avaliação na pré-escola**: um olhar sensível e reflexivo sobre a criança. Porto Alegre: Mediação, 2006.

MENINO, H.; SANTOS, L. **Instrumentos de avaliação das aprendizagens em Matemática**: o uso do relatório escrito, do teste em duas fases e do portfólio no 2º ciclo do Ensino Básico. 2004.

OLIVEIRA, Deire Lúcia de. **Avaliação Formativa e Feedback**: compreensão e uso por professores de matemática da rede púbica de ensino do Distrito Federal, Brasília. Fevereiro 2020

PINTO, J.; SANTOS, L. **Modelos de avaliação das aprendizagens**. Lisboa: Universidade Aberta, 2006.

SOBRINHO, José Dias. Educação e avaliação: técnica e ética. *In*: SOBRINHO, José Dias e RISTOFF, Dilvo I. (org.). **Avaliação democrática para uma universidade cidadã**. Florianópolis: Insular, 2002.

VASCONCELLOS, Celso dos S. **Planejamento**: projeto de ensino-aprendizagem e projeto político-pedagógico. 20. ed. São Paulo: Libertad, 2010.

VASCONCELLOS, Celso dos S. 1994. **Concepção dialética-Libertadora do processo de Avaliação escolar**. São Paulo, Libertad, 1994.

Avaliação Formativa e Somativa – uma perspectiva articulada

António Manuel Águas Borralho
Conceição de Nazaré de Morais Brayner

Introdução

Avaliação educacional é um campo vasto e complexo que vem despertando o interesse de muitos pesquisadores, o que inclui a avaliação pedagógica, também denominada em muitos países de avaliação interna, que está assumindo para muitos autores um papel essencialmente pedagógico, de responsabilidade de professores e escolas, com o propósito de contribuir para que os alunos aprendam mais e melhor. O professor, neste caso, realiza um trabalho colaborativo com os alunos e assume a tarefa de colher informações que permitam identificar as aprendizagens adquiridas ou não, do ponto de vista das metas de ensino e das práticas desenvolvidas em sala de aula, reformulando os planos com os ajustes necessários, se esta for uma necessidade diagnosticada.

Diante dos dilemas atuais de uma sociedade em permanente mudança, com utilização de ferramentas tecnológicas e exigências dos contextos educacional e curricular para o ensino da matemática, torna-se evidente a necessidade da formulação de planejamentos escolares e práticas letivas que propiciem a articulação de informações e dados da avaliação com o ensino e as aprendizagens dos alunos, objetivando assim conceber o ato de avaliar como uma construção social, que promove a melhoria das aprendizagens dos alunos.

Tratar da articulação nos processos de ensino, aprendizagem e avaliação é lidar com questões paradigmáticas bem distintas, uma vez que a escola ainda apresenta influências do positivismo em sua prática educativa, refletindo a fragmentação dos saberes e a organização curricular disciplinar com tendência à organização do trabalho pedagógico voltado ao paradigma da transmissão/

recepção, e de outro lado a pedagogia desponta questões pertinentes ao paradigma da interpretação e comunicação pedagógica reforçando adoção de práticas de avaliação compartilhadas com os discentes e/ou escola.

Outro ponto que merece atenção dos educadores é a realização de avaliações em larga escala ou avaliação externa, pois possuem o objetivo, entre outros, de avaliar a proficiência dos alunos em determinados níveis de escolaridade, se caracterizando como marco na avaliação dos sistemas educativos para a tomada de decisão de políticas e diretrizes educacionais a nível nacional e internacional. Fernandes (2019), a propósito de se aceitar serenamente as avaliações externas, refere que há um certo consenso de que estas são sinônimo de rigor, de exigência e qualidade sem se discutir profunda e sustentadamente na investigação os efeitos perniciosos da sua utilização.

Com ênfase nas ideias de Fernandes (2020b), assumimos neste trabalho que a avaliação formativa e somativa integram a avaliação pedagógica, pois ambas podem fornecer importantes informações que os alunos devem utilizar para aprender e o professor para ensinar. O autor concebe ainda a avaliação como prática social que reflete as subjetividades dos sujeitos e envolve o currículo, a didática, além de conhecimentos da disciplina que ministra e conhecimentos da pedagogia e da própria avaliação.

Para compor este texto, elencamos alguns tópicos que traduzem o esforço de compreender a avaliação como prática pedagógica, que articula avaliação formativa e somativa com o objetivo de melhorar as aprendizagens e ensino da matemática: 1. Avaliação formativa e somativa – uma prática pedagógica; 2. Ensino da matemática na perspectiva da avaliação formativa; 3. Avaliação pedagógica na perspectiva articulada; e 4. A pesquisa e suas opções metodológicas; 5. Análises e contribuições dos pesquisados; 6. Conclusões.

A dinâmica da avaliação formativa pode ser uma grande aliada no aprimoramento da prática pedagógica, favorecendo ao professor e aluno refletirem sobre suas posturas/tarefas com uso de *feedback*, ajustando o planejamento ao desenvolvimento de aprendizagens matemáticas. O processo pode ainda combater preconceitos em relação à matemática rompendo, assim, alguns mitos do ensino e aprendizagem que colocam a disciplina como a vilã do fracasso escolar de muitos estudantes. Nessa diretriz será necessário partir do pressuposto de que a avaliação das aprendizagens não é um processo totalmente objetivo e que não é possível determinar com exatidão, através de uma medição, o que os alunos sabem e são capazes de fazer.

Avaliação Somativa e Avaliação Formativa – uma prática pedagógica

A avaliação das aprendizagens, por se caracterizar como um processo complexo que envolve as subjetividades dos sujeitos, reflete um conjunto de teorias e práticas subjacentes ao currículo, ao ensino, à aprendizagem, à formação de professores, entre outros, e precisa constar na agenda da educação como mecanismo que apoia as reflexões/discussões sobre a qualidade da educação e o trabalho pedagógico desenvolvido nas escolas, bem como inovações tecnológicas e intencionalidades políticas e educacionais no contexto local e mundial.

Sublinhando, um dos principais objetivos da avaliação na perspectiva pedagógica é, sem dúvida, melhorar as aprendizagens dos alunos, o que inclui fazer um balanço dos processos de ensino e da própria avaliação, favorecendo a alunos e professores definirem papéis e realizarem ajustes em suas práticas de ensinar e aprender. Ressalta-se ainda que qualquer outra forma de avaliação precisa se somar ao esforço da escola em melhorar as aprendizagens e a dinâmica de avaliar o currículo, a pedagogia, os métodos e metodologias de ensino, a didática, bem como as políticas de educação e avaliação.

A avaliação das aprendizagens, neste texto, foi construída a partir dos referenciais teóricos de Black e Wiliam (1998); Fernandes (2019, 2020b); Perrenoud (1999); Esteban (1999) Barreira (2019); Pinto (2019); Borralho, A.; Cid, M.; Fialho (2019) e D' Ambrosio (1986, 1989). Esses referenciais assumem que a avaliação está a serviço das aprendizagens, bem como há um entendimento que se trata de um processo eminentemente pedagógico. Fernandes (2019, p. 140) comenta que "a designação avaliação pedagógica refere-se a todas as avaliações, formativas e sumativas, que se desenvolvem essencialmente no contexto das salas de aula e são da integral responsabilidade dos professores e dos seus alunos". O autor também destaca que se utiliza uma diversidade de processos de recolha de informação acerca do que os alunos fazem e são capazes de fazer desencadeando, na escola, saberes e experiências para professores e alunos. Além disso, possibilita uma prática docente reflexiva que permite uma articulação entre conhecimentos pedagógicos, curriculares e específicos da disciplina matemática, articulação entre avaliação somativa e formativa, articulação entre avaliação, ensino e aprendizagem, proporcionando a reelaboração de conceitos, reorganização de planos de ensino em prol da melhoria no desempenho acadêmico dos estudantes e no desenvolvimento profissional dos professores.

O trabalho da avaliação pedagógica requer que o professor assuma uma postura de "investigador da própria prática" e para isso torna-se necessário reunir uma diversidade de instrumentos e práticas avaliativas (heteroavaliação e autovaliação) que propiciem o uso de *feedback* com coleta de informações relevantes para o sujeito que ensina e sujeito que aprende, aliados à flexibilidade no fazer didático-curricular, buscando adotar, conforme referido por Esteban (1999), uma permanente atitude de investigação sobre as práticas cotidianas:

> A avaliação como prática de investigação tem o sentido de romper as barreiras entre os participantes do processo ensino/aprendizagem e entre os conhecimentos presentes no contexto escolar. [...] A avaliação como prática de investigação pressupõe a interrogação constante e se revela um instrumento importante para professores e professoras comprometidos com uma escola democrática. Compromisso esse que os coloca frequentemente diante de dilemas e exige que se tornem cada dia mais capazes de investigar sua própria prática para reformular "respostas possíveis" aos problemas urgentes, entendendo que sempre podem ser aperfeiçoadas. (ESTEBAN, 1999, p. 24-25).

Tradicionalmente, na escola, o teste/prova era visto como principal instrumento de avaliação somativa no final de uma etapa/processo para classificação. A investigação mostra-nos que ainda persistem práticas de avaliação que, fundamentalmente, têm o propósito de classificar os alunos em detrimento de práticas avaliativas que visem à melhoria das aprendizagens (BRANCO, 2013; FERNANDES, 2005; FERRO, 2011; LUCKESI, 2011; MARTINS, 2006; VIANA, 2013).

Em alguns casos, a prova carrega consigo a ideia de uma suposta objetividade e confiabilidade do processo avaliativo da aprendizagem, além de ser vista como único instrumento de avaliação capaz de fornecer informações "significativas" sobre o potencial conhecimento aprendido e não aprendido pelo aluno. O exame se apresenta quase sempre vinculado ao sistema de seleção/classificação/premiação, com ênfase na constatação de atributos pre-estabelecidos e supostamente adquiridos pelos alunos no decorrer de sua escolaridade. Os resultados podem ser usados como instrumento de coerção ou como fator de *status* educacional das instituições de ensino. Na perspectiva articulada da avaliação, é pertinente o que afirma Fernandes (2020b, p. 12) quando diz que "o fundamental propósito da avaliação não é atribuir classificações,

> mas sim apoiar os alunos nas suas aprendizagens, informando-os acerca da sua situação, do seu progresso, em relação aos conteúdos, às capacidades, às competências e desempenhos que têm de desenvolver".

No enfoque da centralidade dos resultados e não dos processos avaliativos, os alunos quase sempre são cobrados e se importam mais com as notas/conceitos, pois estes impactam positiva ou negativamente no desempenho desejado, além de definir rendimentos finais que resultam em aprovação ou reprovação em determinado nível de escolarização. Já na função formativa, a avaliação está intimamente ligada aos processos de aprendizagem dos alunos, ajudando a orientá-los em seus estudos, motivando-os, fornecendo *feedback* sobre estágios de aprendizagem que exigem mais trabalho e, geralmente, promovendo o resultado de aprendizagem desejado. Embora a maioria das avaliações seja somativa e formativa, Fernandes (2020b) afirma que podemos ter formas de avaliação somativa que estão igualmente a serviço da melhoria do ensino e das aprendizagens.

Black e Wiliam (1998) realizaram um trabalho de revisão de investigação levado a cabo na área da avaliação formativa do qual advêm três resultados fundamentais que, pela sua relevância e importância, não é possível deixar de referenciar: i) a avaliação formativa melhora de forma muito significativa as aprendizagens de todos os alunos; ii) os alunos com mais dificuldades são os que mais beneficiam com a utilização sistemática da avaliação formativa; iii) os alunos que são submetidos regularmente a avaliações formativas obtêm melhores resultados em avaliações externas.

A avaliação formativa se vincula à melhoria das aprendizagens, com isso variáveis como diálogo e mediação do ato de aprender com uso de *feedback* e planejamento da avaliação são favoráveis à regulação, interatividade e participação na sala de aula. Fernandes (2020b) pontua que o *feedback* é parte central em qualquer processo de avaliação pedagógica e que é através deste processo que os professores podem comunicar aos alunos três informações fundamentais: a) onde se pretende que eles cheguem; b) em que situação se encontram; e c) o que têm de fazer para aprenderem o que está previsto, isto é, os esforços e processos que têm de fazer para chegarem onde se pretende que cheguem (p. 4).

No que diz respeito à avaliação somativa, Fernandes (2020b) chama atenção para a denominada avaliação das aprendizagens dos alunos enfatizando que "é um poderoso processo pedagógico, mas também político, que pode influenciar significativamente o que e como os alunos aprendem, o que e como os professores ensinam, a organização e o funcionamento pedagógico das escolas" (p. 3). Rever processos, métodos e metodologias, conhecimentos da didática e da matemática são posturas necessárias ao docente quando se promove avaliação na perspectiva formativa.

Ensino da matemática na perspectiva da avaliação formativa

A superação do paradigma de transmissão/recepção pode ser provocada pela interação dos pares e sujeitos na sala de aula, trabalho colaborativo, processos de formação continuada, inovações curriculares e metodológicas e principalmente, a relação teoria e prática, nas quais as concepções de ensino, aprendizagem e avaliação, que influenciam professores e alunos em suas posturas/práticas, sejam repensadas e refeitas. Desta forma é possível que estes assumam o papel de sujeitos que constroem conhecimentos e articulam os processos de ensinar, aprender e avaliar, aproximando as construções metodológicas da aula com os objetivos e metas traçados, possibilitando a comunicação pedagógica, pois "a dimensão política recoloca o sujeito subalternizado como produtor de vida, em relação com as circunstâncias, capaz de criar cotidianamente seus modos de viver, atribuindo significados aos processos de que participa" (ESTEBAN, 2010, p. 61).

Professores que ensinam matemática nos anos iniciais buscam, quase sempre, superar barreiras em relação à disciplina, oportunizando-se aprender conhecimentos matemáticos nem sempre estudados e/ou aprofundados em sua formação inicial. Os estudos e pesquisas têm avançado explorando a educação matemática, a neurociência e ainda, por exemplo, a etnomatemática, o que desmistifica resultados e cenários empobrecidos da riqueza desses conhecimentos e saberes e suas possibilidades de aprendizagens. Gatti (2013, p. 54) explica que docentes são "profissionais detentores de ideias e práticas educativas fecundas, ou seja, preparados para a ação docente com consciência, conhecimentos e instrumentos".

De acordo com D'Ambrosio (1986, 1989), Fiorentini (1995) e Danyluk (2002), a matemática proporcionará aos alunos mais autonomia e cidadania, possibilitando que o aluno pense, exercite sua mente, use habilidades e estratégias que favorecem o desenvolvimento crítico, a capacidade de argumentação e de formação dos conceitos. Nessa perspectiva, Beatriz D'Ambrosio (1989, p. 2) aponta que há

> [...] propostas que colocam o aluno como o centro do processo educacional, enfatizando o aluno como um ser ativo no processo de construção de seu conhecimento. Propostas essas onde o professor passa a ter um papel de orientador e monitor das atividades propostas aos alunos e por eles realizadas.

Diante da perspectiva de avaliação formativa e da presença dos conhecimentos matemáticos na vida cotidiana, suas relações com as demais áreas de conhecimento, como por exemplo a física, química, biologia, pedagogia, didática, entre outras importantes para o desenvolvimento do currículo, podemos refletir que não se trata somente de ensinar conceitos e procedimentos, mas sim de desenvolver habilidades cognitivas e sociais, bem como a autonomia do sujeito no sentido de estimular novas posturas e modos de conceber a matemática, aprimorando modos de pensar, analisar e agir. Curi (2004, p. 175) complementa:

> Uma primeira observação refere-se ao significado da expressão "conhecimento sobre conteúdos matemáticos", que pode dar margem a interpretações diversas. Em primeiro lugar, entendemos que, ao separar o conhecimento dos conteúdos matemáticos dos conhecimentos didáticos (ou pedagógicos) dos conteúdos, que são indissociáveis na prática do professor, Schulman pode ter pretendido dar

> destaque ao fato que ele mesmo apresentou (paradigma perdido), no sentido de que os procedimentos de ensino estavam sendo mais enfatizados do que o estudo dos objetos de ensino. Desse modo, consideramos importante o destaque apresentado por ele, embora na formulação de uma proposta de formação eles devam estar articulados.

Nesse sentido o conhecimento é uma experiência subjetiva própria do ser humano, construído em meio à cultura e múltiplos saberes que apresentam histórias de vida, contradições, avanços e limitações vivenciados em diferentes contextos e grupos sociais. São processos e produtos intimamente relacionados às questões de natureza social, política, culturais, econômicas e tecnológicas que lhes são inerentes e assim o currículo está fortemente vinculado às questões da vida cotidiana dos sujeitos.

Portanto, estamos diante de duas vertentes bem distintas acerca do currículo, às quais tratam também com prespectivas pedagógicas diferenciadas. De um lado, uma pedagogia que transmite/reproduz o conhecimento produzido pela humanidade, deixando de desenvolver capacidades tais como observar, experimentar, refletir e raciocinar, ou seja, uma pedagogia que limita o ato de pensar e enfatiza o fazer mecânico de memorizar/reproduzir o que já existe, não estimulando a criatividade e autonomia dos estudantes. Por outro lado, uma pedagogia mais centrada na essência da formação humana, que traduza a relação dos sujeitos com o mundo, provocando a reflexão e o ato de pensar e ainda consequentemente a capacidade de modificar a realidade à sua volta, ampliando a visão para além dos muros da escola. Desta forma, contribui-se para o

> desenvolvimentode capacidades que lhes permitam utilizar o conhecimento na resolução de uma diversidade de problemas da chamada vida real. Para além do desenvolvimento das capacidades cognitivas, é relevante desenvolver um conjunto de atitudes e hábitos essenciais tais como a vontade ou a predisposição para persistir na resolução de problemas com graus de dificuldades elevados.

Assim, o ensino da matemática está para além das técnicas e instrumentos que favorecem a repetição de conteúdos, como também da classificação de conteúdos mais ou menos importantes, entendendo-os ainda como conhecimentos exatos sem a reconhecida intervenção dos contextos e das subjetividades dos sujeitos – professores e alunos. Fernandes (2020b) considera que "a seleção de tarefas é exigente e indispensável para diferenciar o ensino, para que os alunos aprendam com significado, isto é, com compreensão e com profundidade, e para que a avaliação esteja plenamente integrada no processo educativo e formativo" (p. 19). Para que a avaliação seja um processo transparente, Fernandes (2020b, p. 11) pondera que precisa assegurar sempre que os alunos:

> a) compreendem os propósitos da avaliação, assim como a utilização que vai ser dada aos resultados da mesma; b) compreendem o que têm de aprender e o que é objeto de avaliação através de testes, questões orais ou quaisquer outros procedimentos avaliativos; c) compreendem as diferenças entre o que se considera um bom e um fraco desempenho; d) compreendem a importância da autoavaliação para distinguirem entre um fraco e um bom desempenho e para compreenderem os esforços que têm de fazer para aprenderem; e) são avaliados através de avaliações de qualidade, que traduzem bem os seus conhecimentos e tudo aquilo que são capazes de fazer; e f) tomam conhecimento dos resultados da avaliação através de processos de comunicação claros, facilmente compreensíveis e realmente úteis.

Avaliação pedagógica na perspectiva articulada

Cada vez mais se constata que as concepções e experiências que os professores possuem sobre avaliação, ensino e aprendizagem influenciam diretamente as práticas de ensino e práticas avaliativas adotadas por eles, assim como podem determinar como os alunos estudam e aprendem. A prática da avaliação somativa e formativa como atividade eminentemente pedagógica e articulada é de competência do professor e da escola e se integra com o ensino para a melhoria das aprendizagens.

A articulação do ensino, aprendizagem e avaliação não é uma tarefa fácil, no entanto é o princípio-chave da avaliação formativa (BLACK, 2009) e exige um trabalho, simultâneo "nos campos da avaliação, da didática, da relação professor aluno, do funcionamento dos estabelecimentos de ensino, da seleção"

(PERRENOUD, 1999, p. 188). Na mesma linha de ideias, Fernandes (2020b, p. 19) afirma que "a problemática da fragmentação só é possível ultrapassar através de uma mudança de um paradigma da transmissão para o paradigma da interação social, da comunicação".

A avaliação somativa vem assumindo funções e práticas que possibilitam seu uso formativo para melhoria das aprendizagens, permitindo ao docente a realização de tarefas que integrem o momento da avaliação com o ensino e aprendizagem, além de colher informações relevantes para auxiliar professores e alunos na compreensão, comunicação e decisão compartilhada de tudo que ocorre na sala de aula. Fernandes (2020b, p. 13) enfatiza que:

> as propostas de trabalho, ou as tarefas, que são apresentadas aos alunos serão sempre utilizadas numa tripla dimensão: a) devem permitir que os alunos aprendam; b) devem permitir que os professores ensinem; e c) devem permitir que ambos avaliem as aprendizagens realizadas e o ensino. Esta é uma forma simples de promover a integração da avaliação no processo de desenvolvimento curricular, abrindo a necessidade e a possibilidade de se proporem tarefas aos estudantes que sejam mais diversificadas e tão relacionadas com as experiências da vida real dos estudantes quanto possível.

Sem dúvida que a avaliação para melhorar as aprendizagens não pode ser vista como um processo isolado, pois as discussões se vinculam principalmente às questões de currículo, da pedagogia, de didática e teorias de aprendizagem, exigindo assim que todos os sujeitos, diretamente envolvidos, tenham conhecimento das finalidades e do caráter pedagógico da avaliação, melhorando suas práticas. Isso implica no que afirma Fernandes (2020b), a avaliação pedagógica pode ser concebida como um processo através do qual professores e alunos recolhem, analisam, interpretam, discutem e utilizam informações referentes à aprendizagem (evidências de aprendizagem), tendo em vista uma diversidade de propósitos tais como:

> a) identificar os aspetos mais e menos conseguidos dos alunos no que diz respeito às suas aprendizagens; b) acompanhar o progresso das aprendizagens dos alunos em direção aos níveis de desempenho que se consideram desejáveis; c) distribuir feedback de qualidade para apoiar os alunos nos seus esforços de aprendizagem; d) atribuir

> notas; e e) distribuir feedback aos pais e encarregados de educação (p. 4)

A avaliação pedagógica requer ainda que a avaliação ocorra de maneira simples e coerente com as metas e objetivos traçados pelos alunos e professores, apoiando-se em evidências e critérios bem definidos e *feedback* com o máximo de informações colhidas sobre as habilidades em diversas tarefas e contextos. Fernandes (2020b) afirma que

> a avaliação é um processo que tem de ser naturalmente integrado nas atividades que se desenvolvem no dia a dia, nas rotinas das salas de aula e, acima de tudo, tem de ser compreendido por todos os que nela estão interessados. É muito importante garantir que, qualquer que seja o nível de ação que possamos considerar (e.g., política pública, escola, sala de aula), a avaliação possa ser um processo orientado para a transformação e para a melhoria das realidades escolares. (p. 6).

Assim, torna-se essencial a compreensão do papel do professor que envolve (i) refletir sobre as concepções e crenças relacionadas às suas práticas letivas, (ii) planejar e trabalhar de forma colaborativa o ensino e avaliação, (iii) desenvolver tarefas que integrem ensino, aprendizagem e avaliação, (iv) proporcionar *feedback* de elevada qualidade para possibilitar ao máximo que os alunos assumam a condução de suas aprendizagens, (v) buscar conhecimentos da disciplina que ministra, articulados a diferentes áreas de conhecimento e contextos, e (vi) colher informações e dados para orientar práticas avaliativas com atributos de transparência, exequibilidade e confiabilidade junto aos alunos. Por outro lado, a participação dos alunos na avaliação é fundamental para que estes (i) compreendam e assumam os objetivos e metas de suas aprendizagens definidos para um determinado período, (ii) colaborem na definição de estratégias para chegar ao resultado desejado, (iii) conheçam suas limitações e avanços com apoio de *feedback*, (iv) planejem estratégias de superação das dificuldades e (v) participem de dinâmicas e tarefas que possibilitem a autoavaliação e autorregulação das suas aprendizagens.

Além disso, é importante destacar que a almejada articulação envolve planejar e realizar tarefas que possibilitem ao estudante vivenciar estratégias de ensino em que simultaneamente ocorram os processos de aprender e avaliar. Fernandes (2020b), quando afirma que "uma avaliação sumativa de qualidade nas salas de aula deve estar subordinada aos princípios, aos métodos e aos conteúdos da avaliação formativa" (p. 17), o que envolve ativamente professores e alunos na condição de sujeitos planejadores e avaliadores em todas as etapas fundamentais do desenvolvimento do currículo nas salas de aula e, assim,

> a avaliação sumativa acaba por consistir num momento particularmente rico e devidamente ponderado de integração e de síntese da informação recolhida acerca do que os alunos sabem e são capazes de fazer numa variedade de situações. E isto significa que a informação obtida a partir dos processos decorrentes da avaliação formativa, ainda que não deva ser diretamente utilizada para efeitos classificativos pode, em certas condições, ser integrada com outros que decorrem dos processos próprios da avaliação sumativa (FERNANDES, 2020b, p. 17).

Os itens e resultados das aprendizagens em avaliações externas precisam se ancorar em uma discussão pedagógica feita pelos professores visando à articulação com as informações da avaliação interna que ocorre na escola, e em função de múltiplos tipos de avaliação, em consequência de premissas teórico-metodológicas e epistemológicas. Essa integração poderá ampliar os olhares avaliativos sobre os sistemas educativos, currículos e contextos educacionais, bem como o estudo das finalidades e intencionalidades políticas da avaliação externa, atribuindo-lhes, se possível, um sentido pedagógico. Vianna (2005) reforça:

> Os resultados das avaliações não devem ser usados única e exclusivamente para traduzir um certo desempenho escolar. A sua utilização implica em servir de forma positiva na definição de novas políticas públicas, de projetos de implantação e modificação de currículos, de programas de formação continuada dos docentes e, de maneira decisiva, na definição de elementos para a tomada de decisões que visem a provocar um impacto, ou seja, mudanças no pensar e no agir dos integrantes do sistema (p. 17).

As inferências dos professores sobre as orientações e itens da avaliação podem colaborar para críticas aos modelos de educação antidemocráticos, tecnicistas e autoritários, possibilitando ao educador estabelecer relações entre avaliação externa e interna, parceria com seus pares e alunos, trabalhar na mudança de paradigmas, articular processos de aprendizagem, ensino e avaliação, adotar o uso de *feedback*, aprimorar as práticas letivas em um trabalho colaborativo, interdisciplinar e de interlocução com as demais áreas de conhecimento, visando à melhoria das aprendizagens. Fernandes (2019) enfatiza que a "avaliação formativa está inexoravelmente associada à distribuição de *feedback* de elevada qualidade, é de natureza contínua e tem como fundamental propósito ajudar os alunos a aprender" (p. 157).

Entendemos que a avaliação numa perspectiva articulada é uma construção pedagógica que requer a participação de professores e alunos, além de outros aspectos como aponta Santos (2016): "alinhar a avaliação somativa e formativa entre si com o ensino e o currículo e reconhecer que uma prática de avaliação somativa e formativa exige do professor conhecimento sobre a avaliação, conhecimento do conteúdo e conhecimento do conteúdo para ensinar" (p.660). Nesta abordagem é necessário que professores tenham clareza de que a avaliação é parte do ensino e da aprendizagem e que tem um papel determinante na melhoria da educação das crianças e jovens, como também na compreensão, pela comunidade escolar, dos objetivos da avaliação e das aprendizagens em cada etapa da educação básica.

4. A pesquisa e suas opções metodológicas

Metodologicamente, o texto aqui retratado resulta de uma investigação de cunho qualitativo em que Gamboa (2002, p. 43) diz que nesta abordagem "o pesquisador precisa tentar compreender o significado que os outros dão às suas próprias situações". Trata-se de uma tarefa a ser realizada segundo uma compreensão interpretativa em primeira ordem de perspectivas das pessoas, expressa em sua linguagem com suas subjetividades. Lembra ainda que o pesquisador procura compreender a natureza da atividade em termos do significado que o indivíduo dá à sua ação.

O paradigma interpretativo na pesquisa qualitativa favorece tomar o conhecimento como um produto social e, portanto, sempre em transformação, além de expressar conteúdos filosóficos, epistemológicos, teóricos, metodológicos e técnicos que estão implicados nos modos de atuação do professor. Nesse paradigma, e ainda com relação à pesquisa qualitativa, Gamboa (2002, p. 43) diz que nesta abordagem "o pesquisador precisa tentar compreender o significado que os outros dão às suas próprias situações". Trata-se de uma tarefa a ser realizada segundo uma compreensão interpretativa em primeira ordem de interpretação das pessoas, expressa em sua linguagem com suas subjetividades. Lembra ainda que o pesquisador procura compreender a natureza da atividade em termos do significado que o indivíduo dá à sua ação.

A modalidade de investigação que mais se adequa a este tipo de pesquisa é o estudo de caso instrumental, pois segundo Stake (2009), visa alcançar algo mais do que compreender o caso específico – temos um problema de investigação, uma perplexidade, uma necessidade de compreensão global e sentimos que podemos alcançar um conhecimento mais profundo se o estudarmos através desta modalidade.

A pesquisa em causa tem como objetivos específicos (i) analisar como os professores utilizam a avaliação externa (somativa) para melhorarem suas práticas avaliativas na perspectiva da avaliação formativa em matemática nos anos iniciais e (ii) identificar as contribuições/práticas letivas dos professores que articulam avaliação somativa e avaliação formativa, sentimos que podemos alcançar um conhecimento mais profundo se estudarmos o tema em profundidade e compreensão.

Os participantes são quatro professores, selecionados em função de ensinarem matemática no 4° e 5° anos do Ensino Fundamental. Entre eles, três pedagogos e um licenciado em matemática e, também, por já terem participado de encontros de formação continuada sobre avaliação das aprendizagens e práticas avaliativas. Foram realizadas entrevistas semiestruturadas com objetos e dimensões definidos a partir dos objetivos da pesquisa, e por serem quatro participantes, houve a necessidade de coordenação entre os estudos individuais (STAKE, 2009).

A análise dos dados coletados, essencialmente oriundos de entrevistas semiestruturadas conduzidas de forma minuciosa e com um grau elevado de profundidade, se apoiou na análise de conteúdo com base na teoria de Bardan (1995) por se tratar de um conjunto de técnicas de análise de comunicações que tem como objetivo ultrapassar as incertezas e enriquecer a leitura dos dados. Foram consideradas também pelo pesquisador as orientações pedagógicas contidas nas *Revistas do Sistema Paraense de Avaliação Educacional – SisPAE* sobre os itens da prova de matemática do quarto ano, apresentadas durante a realização de encontros pedagógicos para divulgação dos resultados da avaliação externa estadual (2015-2016). Os textos com análises e orientações pedagógicas dos itens e mais o roteiro de entrevista possibilitaram dialogar sobre como os professores utilizam estas análises para melhorar suas práticas avaliativas na perspectiva da avaliação pedagógica e identificar as contribuições/práticas letivas dos professores que articulam avaliação somativa e avaliação formativa em matemática nos anos iniciais.

Análises e recortes das contribuições dos pesquisados

Com base no objeto da investigação, esta seção apresenta algumas contribuições dos professores pesquisados sobre a utilização pedagógica dos itens de matemática da avaliação externa para melhoria das práticas letivas e, ainda, possíveis articulações entre avaliação somativa e formativa, uma vez que o referencial teórico discorre sobre a avaliação pedagógica. Essa premissa nos remete à ideia de que práticas/posturas que se entrelaçam no cotidiano da sala de aula e são influenciadas por paradigmas e concepções de educação e avaliar é uma "construção que acontece num contexto social, num contexto de relações pedagógicas e, portanto, mediado pela interação com o meio e com as pessoas que fazem parte dele, especialmente professores e alunos" (BORRALHO; CID; FIALHO, 2019, p. 232).

Para as análises dos professores na pesquisa, foram selecionados quatro exemplos de itens da prova de matemática do SisPAE mas, neste momento, vamos tomar como exemplo apenas o item que objetiva aferir a habilidade de identificar a localização de números naturais na reta numérica, e com isso, a orientação do avaliador é: "reforçar o intervalo entre as marcações da reta, pedindo para os alunos identificarem os números associados a todas as marcações, verificando assim a habilidade de cálculo dos estudantes". O mesmo item aponta como indicativo "apresentar nova reta numerada e questionar os alunos sobre o intervalo numérico entre as marcações, auxiliando-os a construírem uma percepção matemática que não dependa de observações textuais". (Revista SisPAE, 2016, p. 29).

Como professores utilizam as análises pedagógicas dos itens de matemática da avaliação externa para melhorarem suas aulas

Estabelecer relações entre conhecimentos matemáticos e saberes escolares se mostra com um grande desafio para os educadores na contemporaneidade. A sala de aula é um espaço propício ao diálogo e interações não só de pessoas, mas também das diferentes áreas de conhecimento. A avaliação se apresenta neste enfoque como um processo multidimensional e se caracteriza pela prática pedagógica articulada, que integra avaliação somativa e formativa. Quando se trata do ensino da matemática, o professor D coloca que *o aluno carrega consigo um conjunto de aprendizagens matemáticas da vida cotidiana, que adquire ao fazer por exemplo, determinadas operações de compra na feira ou supermercado.* O docente reconhece que muitas vezes as barreiras são provenientes de limitações no aprendizado da leitura e os mitos da matemática são criados provavelmente nos contatos em que a disciplina se distancia da vida real, o que precisa ser combatido para suscitar a mobilização dos conhecimentos matemáticos.

As análises dos professores sobre o item sugerem desenvolver um trabalho colaborativo com os alunos de regulação das aprendizagens matemáticas, aprofundar conhecimentos sobre a disciplina e ainda rever a organização didática e metodológica do ensino. Silva (2004) afirma que

> O professor precisa também escolher e implementar instrumentos avaliativos que incentivem a autonomia e a cooperação dos aprendentes. Estratégias como a auto-avaliação e avaliação mútua entre os educandos fazem do processo avaliativo uma ação compartilhada que favorece as situações didáticas estimuladoras e de posturas autônomas (p. 66).

Tais análises provocam reflexões acerca do planejamento da avaliação, que comumente se apresenta como uma tarefa técnica de elaboração de instrumentos avaliativos, e nem sempre é entendido como processo para melhorar a ação pedagógica, com ajustes advindos da construção social das aprendizagens e da relação professor e aluno e ainda da relação com a disciplina. No caso da matemática, os dados da avaliação externa devem ser analisados, sem desconsiderar a avaliação interna, como relata o professor A: *os itens quase sempre apresentam questões da vida cotidiana dos alunos, o que exige a contextualização dos conteúdos e mesmo com limitações na escola, busco adquirir recursos didáticos e confeccionar instrumentos e materiais manipuláveis para a prática pedagógica, tais como, sólidos geométricos, ábaco, material dourado e até mesmo dispor desses materiais nas atividades avaliativas.* D' Ambrosio (1986) atribui à Matemática "o caráter de uma atividade inerente ao ser humano, praticada com plena espontaneidade, resultante de seu ambiente sociocultural e consequentemente determinada pela realidade material na qual o indivíduo está inserido" (p. 36).

O professor B enfatiza a preocupação ... *em como os resultados da avaliação externa chegam na escola, normalmente depois de algum tempo e com uma série de informações úteis mas não discutidas no coletivo. Como professor busco, quando possível, analisar os itens e indicadores, conhecer a matriz de referência, sem que esses dados sejam limitadores do currículo escolar, pois procuro identificar as necessidades da comunidade para trabalhar pela aplicação dos conhecimentos matemáticos com os alunos.*

O professor C destaca que procura *oportunizar aos alunos em sala de aula, discussões sobre as diferentes funções dos números naturais, como por exemplo, indicador de quantidades (aspecto cardinal); indicador de posição (aspecto ordinal); e como código como no registro de número de telefones. Assim observo que nas práticas de registro da pontuação de um jogo, ou na posição de uma pessoa na fila, os alunos começam a compreender a importância do numeral na vida cotidiana.* Hoffmann (2009) afirma que tal perspectiva esclarece aos professores

> em relação à aprendizagem, uma avaliação a serviço da ação não tem por objetivo a verificação e o registro de dados do desempenho escolar, mas a observação permanente das manifestações de aprendizagem para proceder a uma ação educativa que otimize os percursos individuais (p. 17).

O docente D enfatiza que *a articulação dos conteúdos da disciplina com a vida dos alunos é essencial para melhorar as aprendizagens.* Já fazemos o planejamento de ensino a partir dos descritores do exame externo, e assim vamos trabalhando por meio de aulas e simulados para apoiar os alunos na melhoria de seu desempenho. O currículo é plural e pode ter um componente específico de cada realidade cultural, assim é importante destacar o trabalho colaborativo com os alunos na articulação entre avaliação somativa e formativa, além de vislumbrar que a escola possui uma função social que promove o engajamento e pertencimento das pessoas em um determinado grupo social, o que é essencial no desenvolvimento do ser humano.

Contribuições/práticas letivas dos professores que articulam avaliação somativa e avaliação formativa

Comentando sobre a avaliação com fins de classificação e que atribui à prova um valor estimável para medir a aprendizagem dos alunos, o professor A relata que *a prova valoriza essencialmente a memorização dos conteúdos e por isso estou buscando diversificar os instrumentos e práticas avaliativas para romper com essa prática tradicional que insiste em deixar o aluno passivo diante dos processos de ensino e aprendizagem*". Segundo Hadji (1994), a avaliação tem, sobretudo, uma finalidade pedagógica e contribui para a melhoria das aprendizagens, sendo sua principal característica o fato de estar "incorporada no próprio acto de ensino" (p. 63).

O professor B relata *quase sempre procuro discutir os critérios da avaliação com os alunos. Tento envolvê-los na participação das tarefas, observando quem ainda tem dificuldades*. E o professor C comenta: *olho para o conteúdo da disciplina e ocorre que percebo que as dificuldades vieram se acumulando e assim procuro fazer o resgate de aprendizagens não conquistadas para dar sequência no programa*". Os estudos realizados por Black e Wiliam (1998; 2006) enfatizam que a avaliação formativa no ambiente da sala de aula é uma avaliação para as aprendizagens, que tem por objetivo fazer com que os alunos aprendam com compreensão, desenvolvendo competências de domínio cognitivo e metacognitivo.

O professor D destaca que procura *atribuir à avaliação somativa uma função diagnóstica pois, o resultado final de uma unidade gera informações sobre a aprendizagem e, assim, na reformulação do plano de ensino considera o que o aluno aprendeu e o que ele ainda não aprendeu no período, entendendo que esse enfoque pode contribuir para uma avaliação formativa*. O professor enfatiza a importância de fazer balanços, de colher informações no diálogo com os alunos durante as aulas e isso nos remete à ideia de Fernandes (2020b) em que a "avaliação é um processo que tem de ser naturalmente integrado nas atividades que se desenvolvem no dia a dia, nas rotinas das salas de aula, e, acima de tudo, tem de ser compreendido por todos os que nela estão interessados" (p.6).

Conclusões

Com as narrativas apresentadas pelos professores, podemos refletir que a avaliação deve ser entendida como uma atividade pedagógica, portanto da responsabilidade de professores e alunos, visando melhorar o ensino e as aprendizagens. Superar paradigmas que refletem a transmissão/recepção, memorização e a medida/classificação na avaliação vem se apresentando fortemente no cotidiano dos professores. A nova realidade tecnológica abriu espaços para utilização de ferramentas ainda não tão exploradas, possibilitando acesso a *softwares* e programas na construção de conhecimentos matemáticos, combatendo preconceitos que não permitiam, por exemplo, o uso da máquina de calcular nas operações em dias de avaliação na sala de aula.

Sem dúvida que a avaliação externa e seus indicadores ainda precisam suscitar estudos, pesquisas, análises com os professores acerca da própria avaliação, do currículo e do ensino e, no caso da matemática aqui retratado, a inclusão da clareza dos propósitos da educação e da avaliação, dos conhecimentos específicos da disciplina em cada nível/etapa da escolarização, além da organização didática e metodológica para ensino e promoção das aprendizagens matemáticas. Isso nos remete à ideia de Fernandes (2020b), em que a "avaliação é um processo que tem de ser naturalmente integrado nas atividades que se desenvolvem no dia a dia, nas rotinas das salas de aula, e, acima de tudo, tem de ser compreendido por todos os que nela estão interessados" (p.6).

A preocupação docente em estruturar práticas letivas que favoreçam aos alunos participarem de diversas atividades avaliativas e identificarem seus avanços e dificuldades no processo, realizando também a autoavaliação, é uma estratégia que possibilita a regulação das aprendizagens. A organização do planejamento de ensino quando reflete somente a preocupação da escola com a matriz curricular da avaliação externa demonstra obviamente uma certa tensão com os resultados advindos desse sistema, o que deve ser contextualizado e discutido com os sujeitos para uma efetiva educação problematizadora.

A articulação entre avaliação somativa e formativa atribui ao processo o caráter pedagógico da avaliação, sendo tratada como parte do trabalho docente e discente. A partir dos estudos realizados por Black e Wiliam (1998; 2006), as modalidades iniciam um processo de articulação onde os dados coletados e observações relevantes podem ser considerados nas inferências e informações sobre as aprendizagens dos alunos. As discussões feitas pelos professores sinalizam para a utilização de materiais didáticos que aproximem a matemática do cotidiano dos alunos, desmistificando a ideia da disciplina puramente exata, sem a necessária contextualização dos conteúdos e interlocução com as demais áreas.

A avaliação na perspectiva articulada vem se revelando como prática educativa de construção social, em que avaliar tem a finalidade de melhorar as aprendizagens e, por isso, apresenta-se como um processo de responsabilidade de professor e aluno e, assim, a "avaliação deixa de ser considerada numa perspectiva final e começa a ser encarada como uma avaliação formativa, processual, preocupando-se com as tomadas de decisão respeitantes ao processo de aprendizagem do aluno e ao processo de ensino do professor" (BARREIRA; BOAVIDA; ARAÚJO, 2006, p. 96).

Referências

BARDIN, L. **Análise de conteúdo**. Lisboa: Edições 70, 1995.

BARREIRA, C. Concepções e Práticas de Avaliação Formativa e sua relação com os processos de ensino e aprendizagem. In: ORTIGÃO, M. I. R. et al. (org.). **Avaliar para aprender no Brasil e em Portugal**: perspectivas teóricas, práticas e de desenvolvimento. v. 1, Curitiba: CRV, 2019. p. 191-217.

BARREIRA, C. BOAVIDA, J.; ARAÚJO, N. Avaliação formativa. Novas formas de ensinar e aprender. **Revista Portuguesa de Pedagogia**, v. 40, n. 3, 95-133, 2006.

BARREIRA, C. Aprender e ensinar: Dos modos de fazer aos modos de avaliar. In MACHADO, J.; ALVES, J. M. (org.). **Conhecimento e ação**: transformar contextos e processos educativos. Porto: Universidade Católica Editora, 2015. p. 38-51. E-book.

D'AMBROSIO, Beatriz S. Como ensinar matemática hoje? Temas e Debates. **SBEM**, Brasilia, Ano II, n. 2,, p. 15-19, 1989.

D' AMBROSIO, U. **Da realidade à ação**: reflexões sobre educação e matemática. São Paulo: Summus: Campinas: Ed. Da Universidade Estadual de Campinas, 1986.

BLACK, P. Os professores podem usar a avaliação para melhorar o ensino?. **Práxis educative**, v. 4, n. 2, p. 195-201, 2009. Doi: http://dx.doi.org/10.5212/PraxEduc. V. 4i2.195201.

BLACK, P.; WILIAM, D. The reliability of assessments. *In*: GARDNER, John (Ed.). **Assessment and learning**. London: Sage, 2006. p. 81-100.

BLACK, P.; WILIAM, D. Assessment and classroom learning. Assessment in Education: principles, policy & practice. v. 5, n. 1, p. 7-74, 1998.

BORRALHO, A.; CID, M.; FIALHO, I. Avaliação das (para as) aprendizagens das questões teóricas às práticas de sala de aula. In: ORTIGÃO, M. I. R. et al. (org.). **Avaliar para aprender no Brasil e em Portugal**: perspectivas teóricas, práticas e de desenvolvimento. v. 1, Curitiba: CRV, 2019. p. 219-240.

BRANCO, A. M. **Avaliação das Aprendizagens**: Perceções e Práticas de professores do 3ºciclo do Ensino Básico. 2013. Dissertação (Mestrado em Ciências da Educação: Supervisão Pedagógica, Universidade de Évora, Évora). Disponível em: https://dspace.uevora.pt/rdpc/handle/10174/10742

CURI, E. **Formação de professores polivalentes**: uma análise de conhecimento para ensinar matemática e de crenças e atitudes que interferem na constituição desses conhecimentos. 2004. 278 f. Tese (Doutorado em Educação Matemática) – Pontifícia Universidade Católica de São Paulo, São Paulo, 2004.

DANYLUK, O. **Alfabetização Matemática**: as primeiras manifestações da escrita infantil. 2ªed. Porto Alegre: Sulina, Passo Fundo: Ediupf, 2002.

ESTEBAN, M. T. A avaliação no cotidiano escolar. *In*: ESTEBAN, M. T. (Org.). **Avaliação**: uma prática em busca de novos sentidos. Rio de Janeiro: DP&A, 1999.

ESTEBAN, M. T. AFONSO, A. J. (Orgs.). **Olhares e interfaces**: reflexões críticas sobre a avaliação. São Paulo: Cortez, 2010.

FERNANDES, D. Para um enquadramento teórico da avaliação formativa e da avaliação sumativa das aprendizagens escolares. *In*: ORTIGÃO, M. I. R. et al. (org.). **Avaliar para aprender no Brasil e em Portugal**: perspectivas teóricas, práticas e de desenvolvimento. v. 1, Curitiba: CRV, 2019. p. 139-164.

FERNANDES, D. (2020b). Para uma fundamentação e melhoria das práticas de avaliação pedagógica. Projeto de Monitorização, acompanhamento e investigação em avaliação pedagógica - Maia. Instituto de Educação. Universidade de Lisboa Março de 2020).

FERNANDES, D. Avaliação pedagógica, currículo e pedagogia: Contributos para uma discussão necessária. **Revista de Estudos Curriculares**, v. 2, n. 11, p. 72-84, 2020a.

FERNANDES, D. **Avaliação das aprendizagens**: desafios às teorias, práticas e políticas. Lisboa: Texto Editora, 2005.

FERRO, N. F. **Práticas lectivas dos professores de Matemática do 3º ciclo no distrito de Beja**. 2011. Dissertação (Mestrado em Matemática para o ensino, Universidade de Évora, Évora). Disponível em: https://dspace.uevora.pt/rdpc/handle/10174/11886?mode=full

FIORENTINI, D. Alguns modos de ver e conceber o ensino da matemática no Brasil. **Zetetiké**, v. 3, n. 1, 1995.

GAMBOA, S. (org.) **Pesquisa Educacional**: quantidade qualidade. 5. ed. São Paulo: Cortez, 2002.

GATTI, B. A. Educação, escola e formação de professores: políticas e impasses. **Educar em Revista**, Curitiba, n. 50, p. 51-67, out/dez. 2013. Disponível em: http://www.scielo.br/pdf/er/n50/n50a05.pdf. Acesso em: 12 fev. 2021.

HADJI, C. **A avaliação, regras do jogo**. Das intenções aos instrumentos. Porto: Porto Editora, 1994.

HOFFMANN, J. **Avaliar para promover**: as setas do caminho. Porto Alegre: Mediação, 2009. (11. Ed. Rev. E atual. Ortog.) 144p.

LUCKESI, C. **Avaliação da aprendizagem escolar**: estudos e proposições. 22. ed. São Paulo: Cortez, 2011.

LUCKESI, C. **Avaliação da aprendizagem escolar**. São Paulo: Cortez, 2006.

MARTINS, L. M. **A avaliação externa na disciplina de matemática no 12º ano e sua influência na relação educativa**. 2006. Dissertação (Mestrado em Observação e Análise da Relação Educativa, Faculdade de Ciências Humanas e Sociais, Universidade do Algarve, Faro). Disponível em: http://hdl.handle.net/10400.1/615.

PERRENOUD, P. **Avaliação**: da excelência à regulação das aprendizagens – entre duas lógicas. Porto Alegre: Artes Médicas Sul, 1999.

PINTO, J. Avaliação Formativa: uma prática para a aprendizagem. In:ORTIGÃO, M. I. R.et al. (org.). **Avaliar para aprender no Brasil e em Portugal**: perspectivas teóricas, práticas e de desenvolvimento. v. 1, Curitiba: CRV, 2019. p. 19-43.

SANTOS, L. A articulação entre a avaliação somativa e a formative na prática pedagógica: uma impossibilidade ou um desafio? **Ensaio: Avaliação e Políticas Públicas em Educação**, v. 24, n. 92, p. 637-669, 2016.

SILVA, Janssen Felipe da. **Avaliação na perspectiva formativa-reguladora**: pressupostos teóricos e práticos. Porto Alegre: Mediação, 2004.

Sistema Paraense de Avaliação Educacional. **SisPAE 2015: Revista Pedagógica Matemática – Ensino Fundamental**. Fundação Vunesp, São Paulo 2016.

STAKE, R. E. **A Arte de Investigação com Estudos de Caso**. Lisboa: Fundação Galouste Glubenkian, 2009.

VIANA, M. N. S. F. **Práticas avaliativas dos professores de matemática do 9º ano do ensino fundamental em escola pública em Belém do Pará**. Évora, 2013, 119 f.

VIANNA, H. M. **Fundamentos de um Programa de Avaliação Educacional**. Brasília: Liber Livro Editora, 2005.

A Sala de Aula de Matemática: Práticas de Ensino, de Avaliação e a Participação dos Alunos no âmbito do pensamento algébrico

Elsa Isabelinho Barbosa
António Manuel Águas Borralho

Introdução

Hoje, em pleno século XXI, defende-se uma educação centrada numa visão holística do aluno, cujo propósito principal é preparar os jovens cidadãos para um mundo globalizado, complexo, e em mudança. O que implica que escolas e professores sejam capazes de redefinir, reconstruir e reinventar as conceções e práticas há muito instaladas nos sistemas educativos, em particular, no que diz respeito à Matemática.

Na Matemática é difícil minimizar a importância dos símbolos, sem eles esta não existe. A simbologia algébrica e a sua respectiva sintaxe sobrevivem isoladamente, e são poderosas ferramentas para a resolução de problemas. Não obstante, esta grande potencialidade do simbolismo é simultaneamente a sua grande fraqueza, uma vez que esta autonomia leva a que os símbolos se desliguem dos seus significados, tornando desta forma a Álgebra incompreensível para os alunos.

Contrariar esta tendência exige uma organização específica do ensino, associada a uma avaliação que transmita um *feedback* de qualidade, capaz de mobilizar a participação dos alunos, o que implica a renovação das práticas pedagógicas.

O presente capítulo é resultado da tese de doutorado intitulada *Práticas de um professor, participação dos alunos e pensamento algébrico numa turma de 7º ano de escolaridade*, cujo objetivo principal foi descrever, analisar e interpretar práticas de ensino, de avaliação e a participação dos alunos, tendo como foco o desenvolvimento do pensamento algébrico. Para o concretizar, considerou-se a sala de aula de matemática, professor e alunos (com cerca de 12 anos de idade), do 7.º ano de escolaridade do ensino básico de um agrupamento de escolas[4].

Neste contexto, assumiu-se a sala de aula como um sistema de determinados tipos de atividades complexas e socialmente situadas, o que possibilitou estudar as suas especificidades e pluralidades, permitindo obter uma visão global desta. Deste modo, analisaram-se, de forma articulada, as práticas do professor nos domínios do ensino, da avaliação e das aprendizagens desenvolvidas pelos seus alunos. Este capítulo está focado na caracterização de práticas letivas capazes de promover a participação dos alunos, em sala de aula, no âmbito do pensamento algébrico.

Trata-se de um estudo de natureza interpretativa, com uma abordagem qualitativa, num *design* de estudo de caso. Em consequência da análise da literatura sobre esta temática, da ideia principal da investigação e do respetivo enquadramento conceptual, foi possível elaborar uma matriz de investigação que identificasse, claramente, os objetos de investigação (práticas de ensino; práticas de avaliação; aprendizagens dos alunos) e as respectivas dimensões associadas (Quadro 1).

4 Um agrupamento de escolas é uma unidade organizacional do sistema educativo português, dotada de órgãos próprios de administração e gestão, constituída por vários estabelecimentos de educação de vários ciclos de ensino, com um projecto pedagógico comum.

Quadro 1 – Matriz de Investigação

Pensamento Algébrico	
Objetos	Dimensões
Práticas de Ensino	Planificação e Organização do Ensino
	Recursos, Materiais e Tarefas Utilizadas
	Dinâmicas de Sala de Aula
	Papel do Professor e dos Alunos
	Gestão do Tempo e Estruturação da Aula
Prática de avaliação	Integração/Articulação Entre os Processos de Ensino/Avaliação/Participação dos alunos
	Tarefas de Avaliação Predominantes
	Natureza, Frequência e Distribuição de Feedback
	Dinâmicas de Avaliação
	Papel do Professor e dos Alunos
Participação dos alunos	Dinâmicas, Frequência e Natureza da Participação
	Estratégias Indutoras da Participação
	Dinâmicas de Grupo
	Tarefas de Álgebra

Fonte: BARBOSA (2019)

Como se compreenderá, esta distribuição das dimensões por este objeto é, num certo sentido, artificial e foi feita para apoiar os investigadores a desenvolver as suas ações de recolha e de sistematização da informação. As dinâmicas de sala de aula e a sua complexidade são sempre dificilmente enquadráveis em objetos e dimensões que muito dificilmente serão disjuntos.

Práticas de Ensino, de Avaliação, Participação dos Alunos e Pensamento Algébrico, uma possível relação

A concepção do que é a Álgebra tem sofrido alterações ao longo do tempo. Com o passar dos anos, a Álgebra deixa de estar conotada estritamente à manipulação simbólica e passa a ser reconhecida não só como um modo de pensar, mas também como um método de observar e expressar relações (BARBOSA; BORRALHO, 2009). Assim, aprender Álgebra, atualmente, significa possibilitar ao aluno desenvolver o pensamento algébrico, ou seja, significa que o aluno deve ser capaz de pensar algebricamente, envolvendo relações, regularidades, variação e modelação, o que exige uma mudança nas concepções dos professores sobre o que significa ensinar e aprender Matemática em geral e Álgebra em particular. Quer isto dizer que em detrimento da aprendizagem descontextualizada de regras de manipulação simbólica, é necessário dar aos alunos a oportunidade de explorarem padrões e relações numéricas generalizando-os, assim como a possibilidade de explicitarem e discutirem as suas ideias, refletindo sobre elas (BARBOSA; BORRALHO, 2009).

Neste contexto, é possível afirmar que o desenvolvimento do pensamento algébrico se coaduna com uma organização de aula, inserida num modelo de ensino exploratório, em que os alunos e os professores assumem um papel ativo, no qual as tarefas assumem a centralidade por desencadearem os processos de aprender, ensinar, avaliar e regular a atividade decorrente na sala de aula (MESCOUTO; LUCENA; BARBOSA, 2021; PONTE, 2005). Para tal, é necessário que o professor se assuma como um profissional com um saber próprio e exclusivo do seu grupo profissional, conhecedor profundo dos conteúdos que ensina, reflexivo e crítico. Tem ainda de ter a capacidade de organizar situações de ensino e de as orientar em sala de aula. No que diz respeito à avaliação, é importante referir que esta tem cada vez mais destaque no processo educativo, havendo, no entanto, a necessidade de se modificar as práticas de avaliação das aprendizagens dos alunos, o que implicará mudanças profundas nas formas de organizar e desenvolver o ensino e vice-versa (FERNANDES, 2020; FERNANDES, 2015; PERRENOUD, 1999).

Avaliar formativamente é avaliar para a aprendizagem, ou seja, é fazer com que os alunos aprendam com compreensão, desenvolvendo competências do domínio cognitivo e metacognitivo. Nesta perspetiva, é necessário haver um estreito relacionamento entre a avaliação, o currículo, as estratégias e as metodologias a desenvolver em sala de aula.

Desta forma, o professor deve organizar o ensino por sequências lógicas e ordenadas de tarefas, capazes de irem ao encontro dos interesses, motivações e capacidades dos alunos, o que implica: (i) planificar uma unidade; (ii) definir objetivos; (iii) ser criativo na elaboração da sequência de tarefas, que devem ser algebrizadas e capazes de transmitir informações claras e precisas ao aluno sobre o seu conhecimento; (iv) planear as abordagens a utilizar, de acordo com os objetivos previamente definidos; (v) definir materiais e estratégias para ajudar os alunos a ultrapassar dificuldades. Neste ponto, é importante salientar a necessidade de o professor definir como deve propor as tarefas aos alunos, por forma a ajudá-los na sua exploração, incentivando-os a usar diversificadas, mas adequadas estratégias de resolução, não esquecendo a necessidade de promover um ambiente de trabalho estimulante, capaz de envolver os alunos nas tarefas propostas; (vi) estabelecer conexões entre os diferentes conteúdos matemáticos, em particular durante as discussões com as turmas, sem esquecer a relevância da realização de sínteses finais. Cabendo ao professor a decisão dos papéis que ele próprio assume em sala de aula e a de escolher os dos alunos (BARBOSA, 2019; PONTE, 2010; CANAVARRO, 2003); (vii) fornecer *feedback* adequado, capaz de ajudar os alunos a atingirem os objetivos propostos; e (viii) elaborar critérios de avaliação que ajudem a desenvolver a capacidade de os alunos se autoavaliarem e autorregularem (FERNANDES, 2020; BARBOSA, 2019).

Quanto aos alunos, devem assumir um papel ativo na capacidade de gerir e desenvolver os seus conhecimentos. Cabe-lhes principalmente a responsabilidade pelo desenvolvimento dos processos referentes à autoavaliação e autorregulação das suas aprendizagens.

Desenvolver o pensamento algébrico dos alunos depende da relação estreita entre as práticas de ensino, de avaliação e a participação dos alunos, onde as tarefas, (re)avaliadas em função do *feedback* que o professor recebe dos alunos e vice-versa, assumem um papel central na sala de aula, como é ilustrado na figura seguinte.

Figura 1 – Relação entre Práticas de Ensino, de Avaliação, Participação dos Alunos e Pensamento Algébrico

Metodologia

Como já foi referido anteriormente, a investigação levada a cabo assentou num paradigma essencialmente interpretativo recorrendo a uma abordagem qualitativa, num *design* de estudo de caso, tomando a sala de aula como unidade de análise.

A recolha de dados, de modo a caraterizar práticas de ensino, de avaliação e a participação dos alunos, centrou-se essencialmente na observação de aulas (23 aulas de noventa minutos), onde foram abordadados temas de Álgebra e em entrevistas semiestruturadas ao professor e aos alunos, o que permitiu recolher informações pormenorizadas sobre as ações e interações que materializavam as atividades de ensino, a participação dos alunos e a avaliação e facilitou a compreensão de uma variedade de relações entre os elementos referidos. Esta foi realizada diretamente e de modo integral pela investigadora e ocorreu maioritariamente na escola do professor.

Este *design* permitiu descrever detalhadamente as ações e interações que corporizam as atividades de ensino, aprendizagem e avaliação, constituindo uma oportunidade única para a compreensão de uma variedade de relações entre os elementos já referidos, tomando a sala de aula, e não os alunos ou os professores, como unidade de análise.

No que diz respeito à organização, análise e síntese dos dados recolhidos, foi criada uma Matriz Trianguladora de Análise (objetos e dimensões) a partir da Matriz de Investigação anteriormente apresentada.

Quadro 2 – Esquema de triângulação de dados

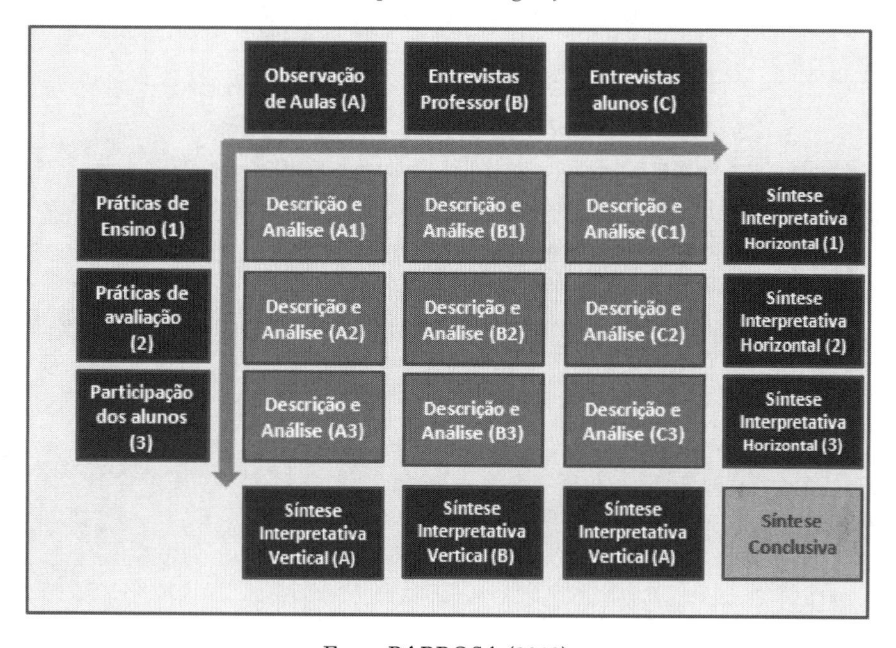

Fonte: BARBOSA (2019).

Os objetos/dimensões deram origem a uma síntese descritiva integrando as informações consideradas relevantes. Posteriormente, cada objeto deu origem a uma análise horizontal a partir das diferentes fontes de dados. Além disso, em relação a cada fonte de dados, foi efetuada uma síntese vertical através de todos os objetos/dimensões incluídas. A análise cruzada destes dois conjuntos de sínteses deu origem a uma síntese global, identificando os aspectos que merecem atenção especial e permitindo a construção das conclusões do estudo.

4. Práticas de ensino, de avaliação capazes de promover a participação dos alunos em um cenário de ensino exploratório da Álgebra

Promover uma participação continuada dos alunos em sala de aula nem sempre é fácil. Em primeiro lugar é preciso pensar no conteúdo da tarefa, que tem de ser suficientemente desafiador. Por vezes o professor tende a diminuir o grau de complexidade das tarefas, o que em nada propicia a participação dos alunos. Na realidade, se não houver um equilíbrio entre o desafio cognitivo das tarefas e a autonomia dos alunos nas estratégias que adotam durante a resolução destas, numa atividade matemática significativa, a discussão será certamente limitada, como se ilustra a seguir.

Figura 2 – Enunciado da questão "Várias representações"

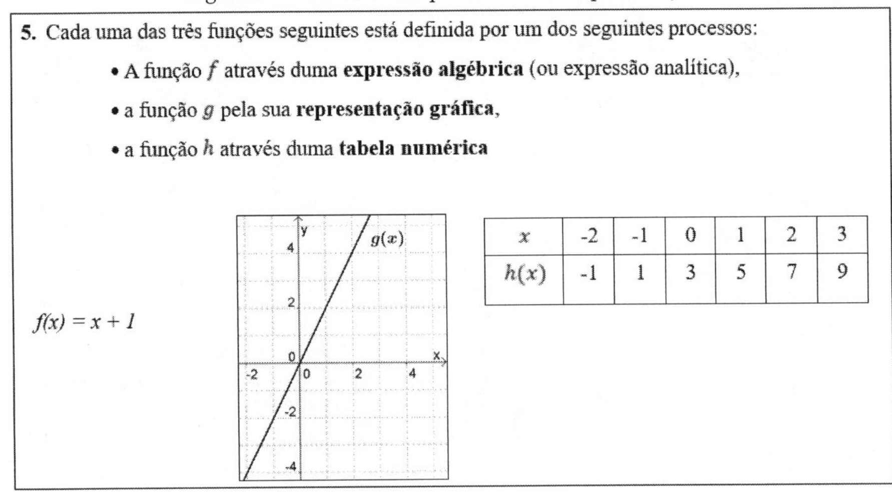

5. Cada uma das três funções seguintes está definida por um dos seguintes processos:

- A função f através duma **expressão algébrica** (ou expressão analítica),
- a função g pela sua **representação gráfica**,
- a função h através duma **tabela numérica**

$f(x) = x + 1$

x	-2	-1	0	1	2	3
$h(x)$	-1	1	3	5	7	9

Fonte: BARBOSA (2019).

Com esta questão pretendia-se que os alunos reencontrassem o conceito de função e, em particular, o de função linear, além de que analisassem uma função a partir das suas representações. Todavia, além de se querer que os alunos conseguissem: (i) representar gráfica e algebricamente uma função linear; (ii) representar algebricamente situações de proporcionalidade direta; (iii) relacionar a função linear com a proporcionalidade direta; e (iv) analisar situações de proporcionalidade direta como funções do tipo, questões já anteriormente trabalhadas, queria-se, principalmente, que eles fossem capazes de:

(vi) formular e testar conjeturas; (vii) interpretar informação, ideias e conceitos representados de diversas formas, incluindo textos matemáticos; (viii) representar informação, ideias e conceitos apresentados de diversas formas; e (ix) discutir resultados, processos e ideias matemáticos. Com a alteração efetuada pelo professor, ao não colocar a função "$f(x) = x^2 + 1$", a questão tornou-se um exercício repetitivo, uma vez que os alunos já tinham resolvido questões similares a esta, perdendo-se a possibilidade de, nesta questão, poderem formular e testar conjeturas, além da possibilidade de se familiarizarem com a representação gráfica de uma função quadrática. Ademais, perdeu-se a oportunidade de revisitar as propriedades das operações, e a noção de potência.

Posteriormente, é fundamental que o professor antecipe os erros dos alunos, elabore um conjunto de questões orientadoras, preveja diferentes estratégias de resolução, que em articulação com os raciocínios algébricos, possam contribuir para atingir o propósito da aula, bem como associe à tarefa um processo deliberado de avaliação, pois só desta forma os alunos poderão conseguir regular e autorregular as suas aprendizagens. Para tal, o professor deve ter a preocupação de planificar diariamente o desenvolvimento da tarefa em sala de aula.

Em seguida, é necessário ter em atenção o modo como a tarefa deve ser apresentada aos alunos, ou seja, o professor deve expor a tarefa de forma contextualizada, fazendo conexões entre os conteúdos desenvolvidos anteriormente e os agora abordados. Não menos importante, é o planeamento do modo como a tarefa vai ser explorada. Tendo como principal propósito desenvolver o pensamento algébrico, a opção de realizar as tarefas em pequeno grupo é fulcral, na medida em que pode ser promotora de um clima de cooperação entre os alunos mais acentuado, capaz de os ajudar a aprofundar os conteúdos matemáticos trabalhados. As fotografias seguintes ilustram momentos em que os alunos trabalhavam nas tarefas exploratórias.

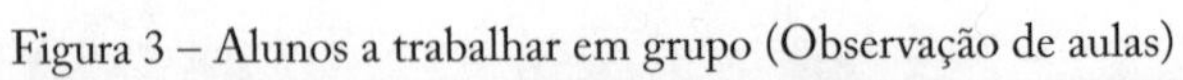
Figura 3 – Alunos a trabalhar em grupo (Observação de aulas)

Fonte: BARBOSA (2019).

Os alunos foram unânimes ao afirmar que preferiam trabalhar em grupo, pois, segundo eles, aprendiam melhor na medida em que se ajudavam uns aos outros.

> Inv – Quais são para ti as aulas mais estimulantes? As que tu achas que aprendes mais. São as que trabalhas em grupo, a pares, ou as que trabalhas individualmente? E porquê?
>
> Ana – Em grupo, porque nos ajudamos uns aos outros ... apresentamos as nossas ideias e os nossos colegas também apresentam as ideias deles, e assim podemos chegar a um consenso. (EA)[5]

Durante a realização dos trabalhos de grupo foi ainda visível a existência da coavaliação, quando da partilha de ideias e de estratégias entre os alunos. Estes momentos de partilha permitiam aos alunos regular o trabalho dos colegas de forma comparativa com o seu próprio trabalho. Além disso, permitia-lhes ainda regular o seu próprio trabalho através da discussão entre pares.

Relevante é também a dinamização das discussões em grande grupo. Estas devem ser centradas nos alunos, cabendo ao professor a incumbência de promover o debate das ideias principais, em particular das ideias conclusivas, reconhecendo para tal, a autonomia dos alunos para gerir a sua aprendizagem.

> Dentro da sala de aula [...] fazendo perguntas acessórias, "então, pensa lá melhor nisto", "vê lá aquilo", e "pensa noutro tipo de exercício que já tivesses feito parecido, como é que fizeste para resolver", "lembra-te lá do exercício da aula anterior, se dá para resolver da mesma maneira". Coisas desse tipo, ao nível do discurso muito concreto, muito prático, muito agarrado àquela situação para promover a autonomia por essa via. (EP)[6]

O modo como estas discussões, em particular as sínteses de conteúdos, são desenvolvidas assume um papel preponderante, no desenvolvimento das aprendizagens dos alunos, uma vez que dependendo do modo como tais são

---

5 (EA) significa que os dados foram retirados das entrevistas realizadas com os alunos participantes no estudo.

6 (EP) significa que os dados foram retirados das entrevistas realizadas com o professor participante no estudo.

feitas, assim se pode exigir dos alunos apenas uma execução de um procedimento ou apelar para o desenvolvimento do pensamento concetual. Neste contexto, o professor afirmou ter havido uma evolução nos alunos, nomeadamente no que diz respeito ao nível do pensamento algébrico e do poder de argumentação. Sobre uma das alunas, que no início das aulas observadas mostrava algumas fragilidades ao nível da Matemática, o professor afirmou que "houve ali uma grande melhoria. [...] uma evolução, claramente. Tem mais facilidade em impor o raciocínio algébrico dela, a estruturação [...]." (EP). O que, segundo o docente, pode estar relacionado com as metodologias implementadas em sala de aula no presente estudo.

Por último, mas de igual importância, é o papel a desempenhar pelos alunos em sala de aula. Estes devem participar ativamente na realização das tarefas propostas e nas discussões realizadas, devendo estar despertos para a importância do que o outro diz, além de estarem interessados nos diferentes trabalhos realizados pelos colegas. Quando, no final do estudo, o professor foi confrontado com uma possível evolução dos alunos, ele afirmou ter sentido essa mesma evolução a qual atribuiu não só à escolha das tarefas, mas ao modo como estas se desenvolveram em sala de aula. Os alunos assumiram a importância da resolução das tarefas em grupo no melhoramento da sua participação em contexto de sala de aula, o que, segundo eles, contribuiu para o desenvolvimento das suas aprendizagens que, neste caso em concreto, deve ser entendido como a melhoria do desenvolvimento do seu pensamento algébrico.

> Inv – Em que é que o trabalho de grupo vos facilitou, ou vos ajudou a resolver as tarefas?
>
> Rui – Cada um de nós tem um cálculo diferente e depois podemos juntá-los, para dar um cálculo melhor.
>
> Inv – E é só cálculos... querem dizer cálculo, ou querem dizer uma maneira de pensar diferente?
>
> Todos – Uma maneira de pensar.
>
> Inv – Cada um de vocês tem uma maneira de pensar diferente, e depois podem juntar os raciocínios, certo?

> Ana – hum, hum. É uma forma de trabalhar, e depois também podemos aprender.
>
> Inv – Aprendem uns com os outros, ou seja, com aquilo que os outros sabem. Está bem. E por outro lado, existe aquela vantagem que está ali a Ana a dizer, que era o quê?
>
> Ana – O Rui... o Rui é mais rápido que a gente.
>
> Inv – O Rui é mais rápido e, portanto, vocês aproveitam o quê?
>
> Ana – A capacidade dele.
>
> Inv – E depois aprendendo com o que ele faz, é isso?
>
> Ana – Sim.
>
> Inv – Então esta é a grande vantagem que têm em trabalhar em grupo este tipo de tarefas, certo?
>
> Ana – Sim.
>
> Inv – Então e achavam, por exemplo, também seria mais vantajoso estarem a fazer a mesma coisa para resolverem exercícios do manual?
>
> Rui – Não.
>
> Ana – Não era preciso juntarmo-nos em grupos para fazer os exercícios do manual, porque os exercícios do manual, como são mais simples, a gente consegue fazê-los sozinhos. (EA2)

Além disso, devem participar ativamente nos processos de avaliação, sendo capazes de utilizar o *feedback* fornecido pelo professor para regularem as suas aprendizagens, analisar o seu trabalho e organizar o seu processo de aprendizagem, como se pode observar no exemplo seguinte (Figura 4).

Figura 4 – Resolução de um trabalho de grupo

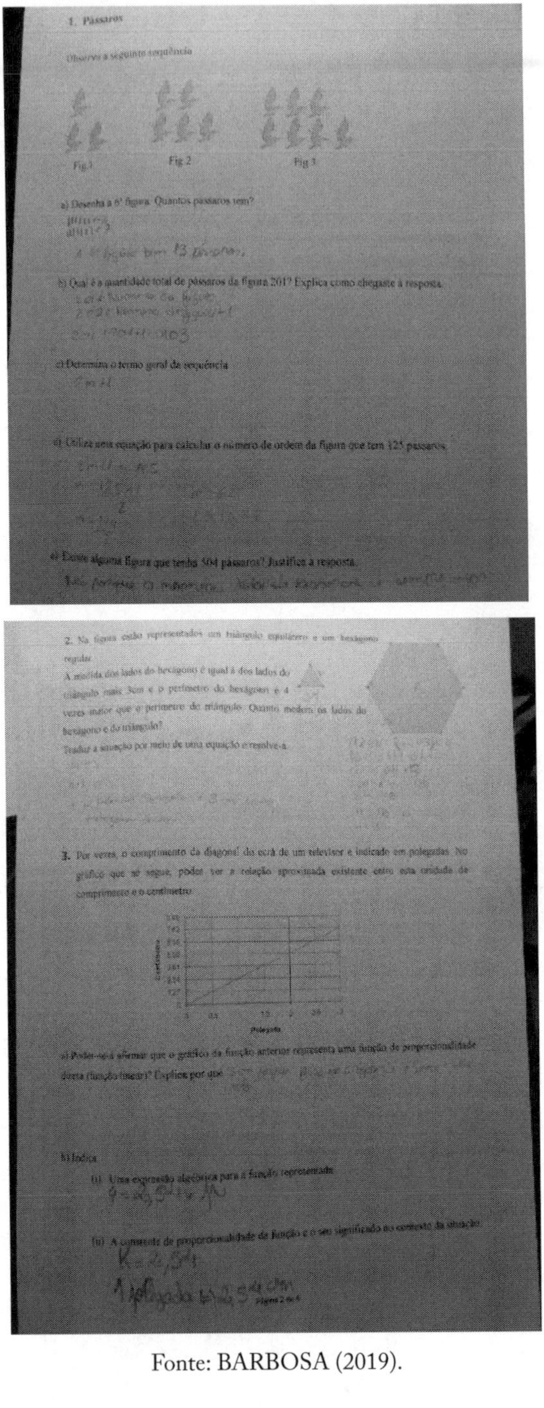

1. Pássaros

Observa a seguinte sequência

Fig.1 Fig.2 Fig.3

a) Desenha a 6ª figura. Quantos pássaros tem?

b) Qual é a quantidade total de pássaros da figura 201? Explica como chegaste à resposta.

c) Determina o termo geral da sequência

d) Utiliza uma equação para calcular o número de ordem da figura que tem 125 pássaros.

e) Existe alguma figura que tenha 504 pássaros? Justifica a resposta.

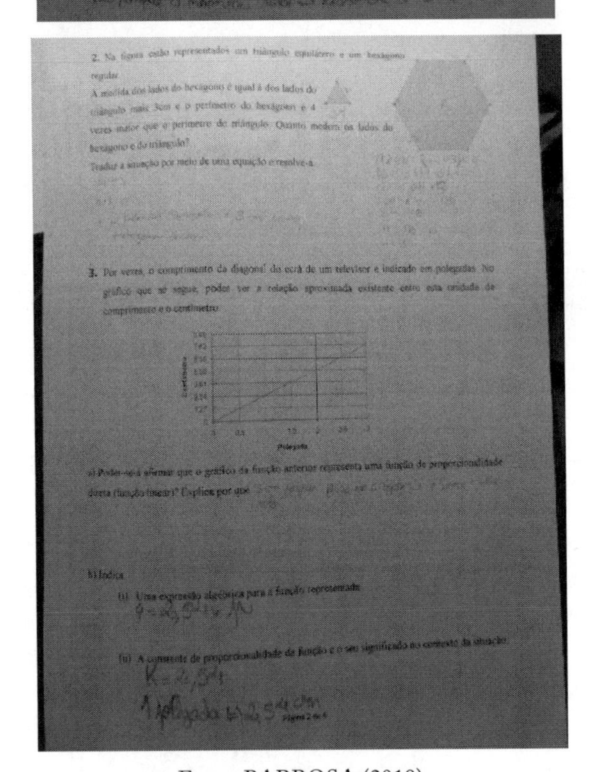

2. Na figura estão representados um triângulo equilátero e um hexágono regular.
A medida dos lados do hexágono é igual à dos lados do triângulo mais 3cm e o perímetro do hexágono é 4 vezes maior que o perímetro do triângulo. Quanto medem os lados do hexágono e do triângulo?
Traduz a situação por meio de uma equação e resolve-a.

3. Por vezes, o comprimento da diagonal do ecrã de um televisor é indicado em polegadas. No gráfico que se segue, podes ver a relação aproximada existente entre esta unidade de comprimento e o centímetro.

a) Poder-se-á afirmar que o gráfico da função anterior representa uma função de proporcionalidade direta (função linear)? Explica por quê.

b) Indica

(i) Uma expressão algébrica para a função representada.

(ii) A constante de proporcionalidade da função e o seu significado no contexto da situação.

Fonte: BARBOSA (2019).

Nesse trabalho os alunos mostraram ter encontrado um método de observar e expressar relações, além de terem evoluído no modo de pensar, ou seja, aparentemente os alunos foram capazes de pensar algebricamente, envolvendo relações, regularidades, variação e até modelação.

Considerações finais

É claramente possível melhorar a participação dos alunos, contribuindo desta forma para a melhoria das suas aprendizagens, bem como para o modo como estas se efetuam. Para tal, é fundamental haver um forte e estreito relacionamento entre a avaliação, o currículo, as estratégias a desenvolver em sala de aula e as metodologias, o que obriga, sempre que possível, que as tarefas de aprendizagem sejam simultaneamente de ensino e de avaliação. Nesse contexto, o professor deve ser possuidor de um conhecimento matemático especializado, próprio para o ensino, de ter a capacidade de refletir sobre a própria prática e de ser capaz de construir ambientes de sala de aula que permitam desenvolver a comunicação e suportam a participação dos alunos, bem como de implementar uma avaliação verdadeiramente formativa e estreitamente relacionada com as práticas de ensino. Na realidade, o relacionamento deve ser de tal forma forte que dificilmente se consegue falar sobre práticas de ensino e de avaliação sem se fazer referência à participação dos alunos em sala de aula. O trabalho de grupo, desenvolvido pelos alunos em sala de aula, com o apoio do professor, desempenhou um papel fundamental no desenvolvimento do pensamento algébrico, permitindo-lhes aprofundar o seu conhecimento. Digamos que o ensino exploratório, com ênfase em tarefas algebrizadas, capazes de desafiar os alunos, privilegiando-se a discussão professor aluno, num processo devidamente articulado com a avaliação, é o modelo que mais se adequa ao desenvolvimento do pensamento algébrico, bem como o que mais promove a participação dos alunos em sala de aula.

Em suma, elaborar boas tarefas não **é suficiente** para promover uma participação continuada dos alunos por forma a desenvolver o pensamento algébrico. Além disso, é preciso ter em atenção a forma como a tarefa lhes é apresentada pelo professor, mas também a forma como esta é explorada, bem como ao modo como é feita a discussão final e a síntese de conteúdos, uma vez que dependendo do modo como tal for feito, assim se pode exigir dos alunos apenas uma execução de um procedimento repetitivo ou apelar ao desenvolvimento do pensamento concetual. Não menos relevante é a necessidade de cada tarefa ter associado um processo deliberado de avaliação, pois só desta forma é que os alunos poderão conseguir regular e autorregular as suas aprendizagens. Todavia, atualmente os professores ainda sentem uma grande dificuldade na exploração de tarefas em sala de aula, ou seja, a integração de uma sequência de tarefas coerente e adequada aos objetivos propostos, assim como a dinamização de boas discussões com os alunos sobre os resultados obtidos é, claramente, um exercício difícil de realizar. Nesse contexto, a formação de professores terá de assumir um papel de destaque, capacitando os professores para a elaboração e/ou adaptação das tarefas, bem como para a realização de uma exploração adequada destas em sala de aula. Não obstante, dada a complexidade e a diversidade de obstáculos envolvidos num trabalho desta natureza implica uma formação prolongada no tempo e de grande proximidade ao professor. Por fim, é de salientar que caso se tenha como objetivo a mudança efetiva da sala de aula, é fulcral que a investigação nestes domínios evolua no sentido de considerar a sala de aula como uma unidade de análise (BARBOSA, 2019; FERNANDES, 2011).

Referências bibliográficas

BARBOSA, E. *Práticas de um professor, participação dos alunos e pensamento algébrico numa turma de 7º ano de escolaridade* [Tese de Doutoramento, Universidade de Évora]. Repositório da UE. https://dspace.uevora.pt/rdpc/handle/10174/25606, 2019.

BARBOSA, E.; BORRALHO, A. Exploração de Padrões e Pensamento Algébrico. *In*: VALE, I.; BARBOSA, A. (org.). **Padrões**: Múltiplas Perspectivas e contextos em Educação Matemática. Viana do Castelo: Escola Superior de Educação do Instituto Politécnico de Viana do Castelo, 2009. p. 59-68.

CANAVARRO, A. P. Práticas de ensino de Matemática: Duas professoras, dois currículos. Tese (doutorado em educação) – Universidade de Lisboa), Lisboa: APM, 2003.

FERNANDES, D. Avaliação pedagógica, currículo e pedagogia: contributos para uma discussão necessária. Revista de Estudos Curriculares, nº 11, vol. 2, 2020.

FERNANDES, D. Práticas de avaliação de dois professores universitários: pesquisa utilizando observações e narrativas de atividades das aulas. *Educar em revista, 1* (Ed. Especial), p. 109-135, 2015.

FERNANDES, D. Articulação da aprendizagem, da avaliação e do ensino: Questões teóricas, práticas e metodológicas. *In*: ALVES, M. P.; KETELE, J. M. (org.). **Do currículo à avaliação, da avaliação ao currículo**. Porto: Porto Editora, 2011. p. 131-142.

MESCOUTO, J.; LUCENA, I.; BARBOSA, E. Tarefas exploratório-investigativas de ensino-aprendizagem-avaliação para o desenvolvimento do pensamento algébrico. **Educação Matemática Debate**, Montes Claros (MG), Montes Claros, v. 5, n.11, p. 1-22, 2021.

PERRENOUD, P. Não mexam na minha avaliação! Para uma Abordagem Sistémica da Mudança Pedagógica. *In*: ESTRELA, A.; NÓVOA, A. (org.) **Avaliações em Educação**: Novas Perspectivas. Porto: Porto Editora, 1999. p. 171-190.

PONTE, J. P. Explorar e Investigar em Matemática: Uma Actividade Fundamental no Ensino e na Aprendizagem. *Revista Iberoamericana de Educación Matemática*, n. 21, p. 13-30, 2010.

PONTE, J. P. Gestão curricular em Matemática. *In*: GTI (ed.). **O professor e o desenvolvimento curricular**. Lisboa: APM, 2005. p. 11-34.

Estudos sobre avaliação na formação inicial docente: desdobramentos da/para a prática

Valéria Risuenho Marques

Introdução

Este capítulo integra o projeto de pesquisa intitulado "Percepções de Licenciandos sobre avaliação de aprendizagens nos anos iniciais do Ensino Fundamental", aprovado pelo Edital 05/2017 PROPESP/PRODOUTOR/UFPA, e desenvolvido durante o período de maio de 2017 a julho de 2019. Teve como objetivo geral analisar a percepção dos licenciandos, do curso de Licenciatura Integrada em Educação em Ciências, Matemática e Linguagens, em situação de Estágio de Docência II, sobre práticas avaliativas e instrumentos utilizados para avaliar os alunos em aulas de matemática, em turmas dos anos iniciais do Ensino Fundamental.

A motivação para a proposição do projeto supracitado adveio do envolvimento em estudos e discussões no âmbito do Projeto de cooperação internacional entre a Universidade Federal do Pará (UFPA) e a Universidade de Évora (UEPortugal) intitulado "Avaliação e Ensino na Educação Básica em Portugal e no Brasil: relações com as aprendizagens" (AERA), aprovado pelo Edital CAPES-FCT 2013.

A intenção foi de envolver licenciandos em um processo de observação e reflexão a partir das questões: De que forma são avaliados os alunos em Matemática? Em que medida as práticas avaliativas de natureza formativa são utilizadas pelos professores? Como se relacionam as práticas de avaliação observadas com as práticas de ensino e com as aprendizagens?

Metodologicamente, propusemos sessões de estudos e discussões de textos, com ênfase na ampliação da compreensão dos fundamentos teóricos envoltos em distintas concepções de avaliação, bem como das relações dessas concepções com o processo de ensino e aprendizagem. Os licenciandos envolveram-se em observações das turmas que estavam desenvolvendo as atividades peculiares ao estágio para, de posse da Matriz de Referência[7] do Projeto AERA[8], fazerem registros, em diário de pesquisa, do que observaram. Concluída a etapa de observação, encaminhamos grupos de discussão, em que os licenciandos relatavam o que tinham observado, dialogando e respondendo a questionamentos com vistas à complementação de informações. Todas as sessões de estudo foram gravadas, com a devida autorização dos participantes.

Dos estudos, discussões, observações e análises realizadas, interessou-nos verificar, passados mais de dois anos do desenvolvimento das atividades do projeto, como os licenciados têm encaminhado suas práticas docentes, se tem sido possível propor atividades que congregam ensino-aprendizagem-avaliação, qual perspectiva de avaliação subjaz essas práticas, quais instrumentos avaliativos têm usado para identificar aprendizagens e dificuldades discentes e, principalmente, se a participação nesse projeto trouxe ganhos no que se refere às práticas profissionais.

Para este texto, realizamos um levantamento de informações buscando identificar em que aspectos o envolvimento dos, então, licenciandos em estudos, discussões e observações contribuiu para fomentar práticas que se coadunaram com a perspectiva da integração ensino-aprendizagem-avaliação, para a proposição de práticas na ação docente que exercem atualmente.

Avaliação das/para as aprendizagens

O trabalho em turmas de graduação e, de modo particular, em temas relacionados ao estágio docente, reverte-se em possibilidade de congregar ensino e pesquisa durante a formação inicial com o intuito de propiciar aos docentes em formação encadear aspectos teóricos ao material empírico constituído, visando ao desenvolvimento do pensamento crítico e à proposição de estratégias metodológicas que cuidem da melhoria das aprendizagens dos alunos.

---

7 Consultar: BORRALHO, A. M. Á.; LUCENA, I. C. R.; BRITO, M. A. R. de B. **Avaliar para melhorar as aprendizagens em matemática**. Coleção IV - Educação Matemática na Amazônia - V. 7. Belém: SBEM-PA, 2015.

8 Projeto de cooperação internacional entre a Universidade Federal do Pará (UFPA) e a Universidade de Évora (UE-Portugal) intitulado "Avaliação e Ensino na Educação Básica em Portugal e no Brasil: relações com as aprendizagens" (AERA), aprovado em março de 2014, pelo Edital CAPES-FCT 2013.

Nesse aspecto, ao fazer referência ao tema estágio como pesquisa e pesquisa no estágio, Pimenta e Lima asseveram que

> A pesquisa no estágio, como método de formação dos estagiários futuros professores, se traduz pela mobilização de pesquisas que permitam a ampliação e análise dos contextos onde os estágios se realizam. Mas também e, em especial, na possibilidade de os estagiários desenvolverem postura e habilidades de pesquisador a partir das situações de estágio, elaborando projetos que lhes permitam ao mesmo tempo compreender e problematizar as situações que observam (2005/2006, p. 14).

Propor atividades, no tema Estágio de Docência II, para além das encaminhadas em disciplinas do estágio, é dar condições para esses licenciandos pensarem e repensarem sobre a prática que observam e, além disto, anteverem: o que eu faria se estivesse no lugar do professor observado?

Para os momentos de estudo, optamos por discutirmos sobre avaliação interna e avaliação externa. Para isso, tomamos como referência Fernandes (2009). Este discute sobre concepções de avaliação e, baseado nos estudos de Guba e Lincoln (1989, *apud* FERNANDES, 2009), apresenta o que os autores nomearam como quatro primeiras gerações da concepção de avaliação, a saber: avaliação como medida, avaliação como descrição, avaliação como juízo de valor e a avaliação como negociação e construção. Fernandes (2009) acrescenta mais uma geração: a avaliação formativa alternativa (AFA).

Sobre a primeira geração, avaliação e medida são consideradas sinônimas, ou seja, associadas à técnica, em que se podia "medir com rigor e isenção as aprendizagens escolares dos alunos" (FERNANDES, 2009, p. 44). Nessa geração, constata-se a aproximação aos testes denominados coeficientes de inteligência, em que se primava pelo modelo científico, pela credibilidade. Buscava-se "tornar o mais eficiente, eficaz e produtivo possível o trabalho dos seres humanos através de métodos de gestão" (FERNANDES, 2009, p. 45).

Ainda hoje é possível identificar resquícios da influência dessa concepção nos sistemas educacionais. São características dessa perspectiva:

- classificar, selecionar e certificar são as funções da avaliação por excelência;
- os conhecimentos são o único objetivo de avaliação;

- os alunos não participam no processo de avaliação;
- a avaliação é, em geral, descontextualizada;
- privilegia-se a quantificação de resultados em busca da objetividade e procurando garantir a neutralidade do professor (avaliador);
- a avaliação é referida a uma norma ou padrão (por exemplo, a média) e, por isso, os resultados de cada aluno são comparados com os de outros grupos de alunos (FERNANDES, 2009, p. 46).

Na segunda geração, a avaliação como descrição, procurou-se ir além da perspectiva da medida. De acordo com Fernandes "a grande diferença em relação à conceitualização anterior é o fato de se formularem objetivos comportamentais e de se verificar se eles são ou não atingidos pelos alunos" (2009, p. 47-48). Passou-se, então, à descrição de pontos fortes e pontos fracos para orientar a verificação quanto ao alcance ou não dos objetivos previamente estabelecidos.

A avaliação como juízo de valor, terceira geração, é designada como a *geração da formulação de juízos de valor*. Foi proposta para superar falhas e pontos fracos caracterizados nas gerações anteriores. Dessa forma, "os avaliadores, mantendo as funções técnicas e descritivas das gerações anteriores, passariam também a desempenhar o papel de *juízes*" (FERNANDES, 2009, p. 48 - grifos do autor).

Do ponto de vista teórico, nessa geração a avaliação se torna mais sofisticada. Surgem as ideias:

- a avaliação deve induzir e/ou facilitar a tomada de decisões que regulem o ensino e a aprendizagens;
- a coleta de informações de ir além dos resultados que os alunos obtêm nos testes;
- a avaliação tem de envolver professores, pais, alunos e outros atores;
- os contextos de ensino e de aprendizagem devem ser tidos em conta no processo de avaliação;
- a definição de critérios é essencial que se possa apreciar mérito e o valor de um dado objeto de avaliação (FERNANDES, 2009, p. 50).

A quarta geração, proposta por Guba e Lincoln (1989 *apud* FERNANDES, 2009), busca "dar resposta às limitações atribuídas às três gerações anteriores" (FERNANDES, 2009, p. 53). Nessa geração há uma ruptura epistemológica em relação às anteriores. No entanto, Guba e Lincoln (1989) são prudentes quanto ao estabelecimento de parâmetros ou enquadramentos. Anunciam que "estes serão determinados e definidos por um processo negociado e interativo com aqueles que, de algum modo, estão envolvidos na avaliação e que os autores designam por *avaliação receptiva* ou por *avaliação responsiva*" (*apud* FERNANDES, 2009, p. 55).

Para Fernandes (2009), a quarta geração, além de considerar os envolvidos no processo, é construtivista não apenas pela metodologia posta em prática na avaliação, mas sua epistemologia. Sobre os princípios, ideias e concepções que se encontram na quarta geração da avaliação, temos:

> 1. os professores devem partilhar o poder de avaliar com os alunos e outros atores e devem utilizar uma variedade de estratégias, técnicas e instrumentos de avaliação;
>
> 2. a avaliação deve estar integrada no processo de ensino e aprendizagem;
>
> 3. a avaliação formativa deve ser a modalidade privilegiada de avaliação com a função principal de melhorar e de regular as aprendizagens;
>
> 4. o *feedback*, nas suas mais variadas formas, frequências e distribuições, é um processo indispensável para que a avaliação se integre plenamente no processo de ensino-aprendizagem;
>
> 5. a avaliação deve servir mais para ajudar as pessoas a desenvolver suas aprendizagens do que para julga-las ou classifica-las em uma escala;
>
> 6. a avaliação é uma construção social em que são levados em conta os contextos, a negociação, o envolvimento dos participantes, a construção social do conhecimento e os processos cognitivos, sociais e culturais na sala de aula;

> 7. a avaliação deve empregar métodos predominantemente qualitativos, não se excluindo o uso de métodos quantitativos (FERNANDES, 2009, p. 55-56).

Diante das discussões tomando como referência os estudos de Guba e Lincoln (1989), Fernandes (2009) propõe a avaliação formativa alternativa – AFA. Para isso, baseia-se em princípios do cognitivismo, do construtivismo, da Psicologia Social e das teorias socioculturais e sociocognitivas. Para o autor,

> A avaliação formativa alternativa é um processo eminentemente pedagógico, plenamente integrado ao ensino e à aprendizagem, deliberado, interativo, cuja principal função é a de regular e de melhorar as aprendizagens dos alunos. Ou seja, é a de conseguir que os alunos aprendam melhor, com compreensão, utilizando e desenvolvendo suas competências, nomeadamente as do domínio cognitivo e metacognitivo (FERNANDES, 2009, p. 59).

Em consonância com Fernandes (2009), Silva (2018, p. 2) destaca que

> Esta avaliação deve ser constante, para poder acompanhar o processo de ensino e de aprendizagem desenvolvido na rotina escolar e, dessa forma, sempre informar o professor e a professora e o aluno e a aluna acerca do que vem acontecendo nas suas interações pedagógicas, possibilitando informações para as regulações do trabalho docente e das aprendizagens. Em outras palavras, a avaliação cruza o trabalho pedagógico desde seu planejamento até a sua execução, coletando dados para melhor compreensão da relação ensino e aprendizagem, e possibilitando, assim, orientar a intervenção didática para seja qualitativa e pedagógica.

Nesse sentido, a avaliação é intrínseca ao processo de aprendizagem e, além disto, antecede o momento de interação entre professor, aluno e objeto de aprendizagem, pois precisa ser cuidada desde o planejamento, quando decidimos sobre o que ensinar e por que ensinar, prevendo também, como faremos para identificar se os objetivos educacionais foram alcançados.

Professores e alunos, na perspectiva defendida por Fernandes (2009), partilham responsabilidades sobre a avaliação e a regulação das aprendizagens. Essa partilha requer, dentre outros aspectos, que os professores possam

> organizar o processo de ensino; propor tarefas apropriadas aos alunos; definir previa e claramente os propósitos e a natureza do processo de ensino e avaliação; diferenciar suas estratégias; utilizar um sistema permanente e inteligente de *feedback* que apoie efetivamente os alunos na regulação de suas aprendizagens; ajustar sistematicamente o ensino de acordo com as necessidades; e, criar um adequado clima de comunicação interativa entre os alunos e entre estes e os professores (FERNANDES, 2009, p. 59).

No que tange ao aspecto das avaliações externas, ressaltamos a relevância de exames e estudos internacionais para a proposição de políticas públicas. Além disso, vimos que esses exames tem sido realizados, no Brasil, nas esferas municipais, estaduais e federais. Evidenciamos características, tais como: a elaboração e a aplicação por agentes e/ou entidades externos às escolas, cujos alunos são avaliados; o controle feito pelo governo, ou por ele monitorado; a ênfase dada aos conteúdos do currículo; instrumentos avaliativos iguais para todos os alunos; a maioria desses exames apresentam como objetivos a certificação. Essas avaliações apresentam variadas funções. Para Fernandes (2009), são comuns: certificação, seleção, controle, monitoração e motivação.

Durante os estudos também debatemos sobre os tipos de questões usadas, a equidade, a validade e confiabilidade dos exames, as vantagens e desvantagens. Todos esses aspectos foram relevantes para compreendermos não apenas as concepções de avaliação, mas os tipos de avaliação que encontramos na atualidade.

Outro aspecto que permeou os estudos no projeto foi a compreensão de que a avaliação carece acontecer durante todo o processo de ensino e de aprendizagem, pois consideramos, ancorados nos referenciais usados, que se constitui um processo ensino-aprendizagem-avaliação (BORRALHO; LUCENA; BRITO, 2015). Ademais, refletimos sobre a viabilidade de utilizarmos distintos instrumentos, como por exemplo, a avaliação formal e informal proposta por Mondoni e Lopes (2017).

Além disso, discutiu-se a necessidade de se contemplar a diversidade de ritmos e estilos de aprendizagem, ampliando, desse modo, o leque de opções quanto aos instrumentos para proceder à avaliação (BORRALHO; LUCENA; BRITO, 2015).

Estratégias do Projeto e deste levantamento

A pesquisa do projeto fora desenvolvida na perspectiva descritiva, evidenciando o significado que os próprios pesquisados, colaboradores, atribuem às coisas. Para as análises, seguimos o enfoque indutivo. Em síntese, foi uma pesquisa classificada como qualitativa (GODOY, 1995). Transcorreu em quatro etapas: estudos teóricos, observação, grupo de discussão e análise do material empírico.

Na primeira etapa, os licenciandos participaram de sessões de estudos e discussão de textos. Essa fase foi relevante, pois permitiu a ampliação da compreensão dos fundamentos teóricos envoltos em distintas concepções de avaliação, bem como das relações dessas concepções com o processo de ensino e aprendizagem. Além disso, os licenciandos estudaram proposições de autores sobre possibilidades, no que se refere à diversificação de instrumentos de avaliação.

Na observação, segunda etapa do projeto, os licenciandos que frequentaram o tema Estágio de Docência II, durante o período de março a junho de 2018, acompanharam aulas de turmas do 4° ou do 5° anos do Ensino Fundamental. Participaram de todas as etapas do projeto 9 licenciandos que frequentavam o 7° semestre do curso. Durante essas observações, além de desenvolverem atividades peculiares ao estágio, produziram registros tendo como referência a matriz de observação utilizada no Projeto AERA. Para essa etapa, foram alocadas 30 horas de atividades.

A matriz em questão é composta por três objetos: práticas de ensino, práticas de avaliação e aprendizagens dos alunos. A estratificação visa favorecer a organização didático-metodológica, pois compreendemos que esses três objetos encontram-se imbricados no processo educacional. Além disso, a seleção de dimensões busca orientar o que precisa ser observado e analisado.

Ressaltamos que, antes de os licenciandos ingressarem nas salas de aulas para a etapa das observações, organizamos um momento de estudo da matriz.

Esse momento foi relevante para elucidar dúvidas e esclarecimentos sobre aspectos contidos nesse documento.

A seguir, como terceira etapa, ocorreram os grupos de discussão. Nestes, os licenciandos relatavam os aspectos observados durante a estada em turmas de 4° ou 5° anos do Ensino Fundamental. Essas reuniões foram gravadas e os relatos foram subsidiados por questionamento por parte da coordenadora do projeto ou de quaisquer participantes, de modo a propiciar a compreensão do que estava sendo relatado.

Concluídas as reuniões com o grupo para as discussões, fizemos as transcrições dos áudios. E, na sequência, a elaboração do relatório final da pesquisa, sintetizado em Marques (2020), além de dois trabalhos de conclusão de curso em Ribeiro e Marques (2019) e Santos e Marques (2020).

Para este capítulo, temos o intuito de verificar em que aspectos o envolvimento dos licenciandos em estudos, discussões e observações contribuiu para fomentar práticas que se coadunaram com a perspectiva da integração ensino-aprendizagem-avaliação para a proposição de práticas na ação docente que exercem atualmente. Para isso, elaboramos questões organizadas em um formulário eletrônico, cujo link foi disponibilizado, via aplicativo de mensagens instantâneas *Whatsapp*, para quatro contatos de alunos que frequentaram todas as etapas do projeto. A opção pelos quatro consistiu no aspecto de que foram os que conseguimos o contato de forma breve. Destes, apenas três responderam ao formulário.

O formulário ficou disponível durante duas semanas no mês de novembro de 2021. Foram questões incluídas no formulário:

1. Atualmente você está atuando como professor(a) em sala de aula?
2. Em que(ais) turma(s)?
3. Em sua prática em sala de aula, como você avalia as aprendizagens dos alunos?
4. Você está satisfeito com as práticas de avaliação que executa? Justifique sua resposta.
5. Quais instrumentos/materiais tem usado para registrar processos e resultados das aprendizagens dos alunos?

6. Após a tomada de registros sobre processos e resultados das aprendizagens dos alunos, quais encaminhamentos tem dado?
7. Você identifica alguma relação entre sua participação no projeto "Percepções de Licenciandos sobre avaliação de aprendizagens nos anos iniciais do Ensino Fundamental" e suas práticas como professor(a) da Educação Básica? Justifique sua resposta (em caso positivo, cite exemplos).

Na sequência, traremos aspectos evidenciados pelos licenciados a partir das respostas dadas às questões anteriores.

Análises

Neste item pretendemos refletir sobre as respostas dadas ao formulário eletrônico, preenchido por três licenciados. Ressaltamos que o link com esse formulário foi enviado a quatro contatos, dentre os licenciados que tinham participado de todas as etapas do projeto supracitado. Para preservar a identidade dos colaboradores deste estudo, optamos por identificá-los como Licenciado1, Licenciado2 e Licenciado3.

Sobre o primeiro questionamento, "atualmente você está atuando como professor(a) em sala de aula?", os três licenciados informaram que não estão atuando em sala de aula. Inferimos que a não permanência dos licenciados no exercício da docência possa ter relação com consequências da pandemia da Covid-19, tais como indicados pela Agência Brasil (2021), na qual

> as escolas particulares perderam, cerca de um terço das matrículas em todo o país, de acordo com relatório produzido pelo Grupo Rabbit, consultoria de gestão escolar. As instituições mais afetadas foram as de pequeno e médio porte, com até 180 alunos (TOKARNIA, 2021, p. 1).

Apesar deste indicativo, na indagação a seguir, o Licenciado1 respondeu possuir experiência nos Anos Iniciais e da Educação de Jovens e Adultos. Também o Licenciado2 relatou atuação em turmas do 1° ao 5° anos do Ensino Fundamental. Inferimos que tenham feito referência à experiência anterior.

Na sequência solicitamos que relatasse "Em sua prática em sala de aula como você avalia as aprendizagens dos alunos?". Para o Licenciado1, essa prática é "básica, passível de melhora". Com relação a isto, é possível que o licenciado tenha feito referência a um dos aspectos evidenciados por Ribeiro e Marques:

> As observações realizadas na turma do 4° ano do Ensino Fundamental evidenciaram que a professora demonstra uma prática próxima de uma concepção de avaliação como medição, quantificação, em que os alunos precisam adequar-se aos padrões estabelecidos pelos currículos escolares, pelas escolas (2019, p. 15).

O Licenciado2 relatou: "para avaliar a aprendizagem dos alunos, busco o *feedback* dos mesmos, tais como: atividade de revisão, socialização com a turma, trabalhos coletivos que possibilitem a troca de conhecimentos". O licenciado fez referência ao *feedback*. Nessa perspectiva, compreendemos que os *feedback* precisam ser qualificados para dar condições de os aluno reverem e reelaborarem estratégias e proposições de resolução de tarefas. É possível que a licencianda consiga encaminhar isto durante as atividades de revisão e também no encaminhamento de trabalhos coletivos.

O Licenciado3 evidenciou que "na época do estágio, verifiquei dificuldades no processo de aprendizagem no que diz respeito às múltiplas formas de entendimento do aluno". Inferimos que esta fala vai ao encontro da necessidade de um acompanhamento individualizado, no sentido atribuído por Perrenoud (1999), que assevera para a necessidade desse tipo de acompanhamento para a regulação no ensino, com um olhar para os diferentes tipos de aprendizagem dos alunos, de forma individual.

Em relação ao questionamento "você está satisfeito com as práticas de avaliação que executa? Justifique sua resposta", o Licenciado1 enfatizou: "deve haver sempre adaptações para melhorar". Apesar de uma resposta genérica, encontramos em Ribeiro e Marques (2019, p. 15) uma possível relação:

> Os aspectos observados e as respostas dadas pela professora ao questionário, permitem inferir que os professores reconhecem que é necessário se optar por uma concepção de avaliação formativa, que se utiliza de diferentes e variados instrumentos para avaliar, em que o aluno é ativo e corresponsável e capaz de autorregular este processo, em que o feedback é intrínseco ao processo e fornece pistas

> para que os alunos revejam e reelaborem estratégias para a resolução de desafios que se colocam.

No excerto, uma das conclusões do estudo referenciado, identificamos que as colaboradoras do estudo, docentes dos Anos Iniciais, reconhecem que carecem optar por uma avaliação, com características formativas, que precisam diversificar os instrumentos usados para avaliar e que é essencial que os alunos sejam ativos, corresponsáveis e capazes de regular o processo de aprendizagem.

O Licenciado2 afirma que "sim, pois explorar diversas formas de captar o que o aluno compreendeu em classe, reforça que uma única prática de avaliação não é capaz de obter os conhecimentos adquiridos em classe". Esse licenciado reportou-se à utilização de várias formas de avaliação. Nessa perspectiva, compreendemos que essa afirmação evidencia a utilização de diferentes tipos de instrumentos de avaliação.

Em conformidade com o Licenciado3, "não, pois as avaliações executadas não estão aparelhadas com a compreensão e aprendizado individual". Sobre este excerto, depreendemos que o licenciado tenha feito referência às características de uma avaliação na perspectiva da formativa alternativa estudada e discutida durante o envolvimento dele no projeto.

Acerca da indagação, "quais instrumentos/materiais tem usado para registrar processos e resultados das aprendizagens dos alunos?", o Licenciado1 expressou "planilha da turma ... e diário de classe". No excerto percebemos a referência ao uso do diário de classe. Sobre isso, é possível pensarmos em duas possibilidades: a primeira, que pode ter discorrido sobre a prática do professor observado durante o projeto ou, segunda, que usou em experiência anterior em sala de aula apenas este tipo de registro.

Sobre essa indagação, o Licenciado2 especificou o uso de "diagnósticos antes dos conteúdos, para compreender o que os alunos sabem sobre o assunto, atividades escritas, diário de classe para registrar a socialização". A assertiva coaduna-se com o que discute Libâneo (1994) ao indicar que a avaliação diagnóstica auxilia na verificação do que o aluno já aprendeu.

Já o Licenciado3 citou o uso de "provas e tarefas diárias". Ao mencionar o uso de tarefas diárias, compreendemos que há uma intenção manifesta quanto à postura de considerar a imbricação entre os processos de ensino-aprendizagem-avaliação.

No que se refere ao questionamento, "após a tomada de registros sobre processos e resultados das aprendizagens dos alunos, quais encaminhamentos tem dado?", o Licenciado1 mencionou "mostrar aos pais e direção da escola". Essa postura aproxima-se das características de uma avaliação que se ocupa com a prestação de contas, com certificação.

Em conformidade com o Licenciado2, "revisão do conteúdo, em pontos que a turma ainda não compreendeu bem, trabalhos em equipe para um aluno aprender com o outro". Este registro indica o uso da avaliação para a melhoria das aprendizagens dos alunos. Essa perspectiva é também indicada pelo Licenciado3, ao evidenciar que privilegia "um ensino mais individual na medida do possível para que todos sejam contemplados".

Por fim, solicitamos que se manifestassem quanto ao aspecto, "você identifica alguma relação entre sua participação no projeto 'Percepções de Licenciandos sobre avaliação de aprendizagens nos anos iniciais do Ensino Fundamental' e suas práticas como professor(a) da Educação Básica? Justifique sua resposta (em caso positivo, cite exemplos)".

Em conformidade com o Licenciado1, "sim. Uma vez que o projeto me permitiu ter um olhar inovador perante aos métodos avaliativos mais utilizados no ensino básico". Esse licenciado indica que a participação no projeto ajudou na compreensão de métodos avaliativos. É possível que tenha feito referência à utilização de diferentes instrumentos para avaliar.

O Licenciado2 mencionou que "sim, pois minhas práticas refletem que a avaliação não se restringe à provas bimestrais ao final de cada conteúdo, mas sim no acompanhar do processo de cada aluno". Esta assertiva evidencia que a avaliação para as aprendizagens é realizada ao longo do processo e não restrita às provas bimestrais, ainda que estas permitam identificar o que os alunos já aprenderam e o que ainda precisam aprender.

Para o Licenciado3, "não, pois ainda é algo novo e não está dentro do projeto de ensino da escola". A fala do licenciado remete a uma reflexão pertinente. Em Marques (2020), ao analisar aspectos destacados nos relatos de licenciados que participaram do projeto de pesquisa, foi evidenciado que há cobrança dos pais pela permanência da realização das provas. O resultado da prova, isto é, a nota atribuída a cada aluno servia como um parâmetro de aprendizagem ou não aos pais.

Considerações finais

Neste capítulo buscamos verificar em que aspectos o envolvimento de licenciados em estudos, discussões e observações contribuiu para a proposição de práticas que se coadunaram com a perspectiva da integração ensino-aprendizagem-avaliação. Para isso, elaboramos questionamentos e enviamos, no formato de formulário eletrônico, via aplicativo de mensagens instantâneas *Whatsapp*, para quatro licenciados que participaram de todas as etapas desse projeto. Destes, três responderam.

Das respostas dadas pelos licenciados, percebemos, inicialmente que, na atualidade não estão atuando em sala de aula. Ao mesmo tempo, a partir dos depoimentos, foi possível identificar que se envolveram, em algum momento pós formados, em atividades de sala de aula.

Dos excertos analisados, notamos que o envolvimento no projeto permitiu entrar em contato com discussões que possibilitaram incluir em suas práticas o uso de "provas e tarefas diárias", "explorar diversas formas de captar o que o aluno compreendeu em classe", a preocupação com um "aprendizado individual", o entendimento "que a avaliação não se restringe às provas bimestrais ao final de cada conteúdo", que os resultados evidenciados em provas podem ser usados para permitir a "revisão do conteúdo, em pontos que a turma ainda não compreendeu bem". No entanto, ao adentrarem nas escolas para desempenharem profissionalmente a docência, sentiram-se inseguros, isolados.

Esses aspectos coadunam-se com características da avaliação formativa alternativa (FERNANDES, 2009), ainda que haja a necessidade de maior estudo que permita a consolidação da compreensão desse tipo de avaliação. Das reflexões possibilitadas, consideramos ser indispensável o empreendimento de outras iniciativas nessa perspectiva, tanto para a formação inicial quanto para a formação continuada de professores, que proporcionem o aprofundamento da temática avaliação, de modo que possamos efetivamente atuar e visualizarmos atuações que se ocupem com a melhoria das aprendizagens dos alunos.

Referências bibliográficas

BORRALHO, A. M. Á.; LUCENA, I. C. R.; BRITO, M. A. R. de B. **Avaliar para melhorar as aprendizagens em matemática**. Coleção IV - Educação Matemática na Amazônia - V. 7. Belém: SBEM-PA, 2015.

FERNANDES, Domingos. **Avaliar para aprender**: fundamentos, práticas e políticas. São Paulo: editora UNESP, 2009.

LIBÂNEO, José Carlos. **Didática**. 2. ed. São Paulo: Cortez, 1994.

MARQUES, Valéria Risuenho. Percepções de licenciandos sobre avaliação de aprendizagens nos anos iniciais: um olhar sobre as observações. **Amazônia - Revista de Educação em Ciências e Matemática**, v. 16, n. 37, p. 255-269, 2020.

MONDONI, Maria Helena de Assis; LOPES, Celi Espasandin. **O Processo da Avaliação no Ensino e na Aprendizagem de Matemática**. Disponível em: http://www2.rc.unesp.br/eventos/matematica/ebrapem2008/upload/319-1-Agt_mondoni_tc.pdf. Acesso em: 20 mar. 2017.

PERRENOUD, P. **Avaliação**: da excelência à regulação das aprendizagens – entre duas lógicas; trad. RAMOS, P. C. Porto alegre: Artmed, 1999.

PIMENTA, Selma Garrido; LIMA, Maria Socorro Lucena. Estágio e docência: diferentes concepções. **Revista Poíesis**, v. 3, n. 3 e 4, p. 5-24, 2005/2006. Disponível em: https://www.revistas.ufg.br/poiesis/article/download/10542/7012/. Acesso em: 10 dez. 2021.

RIBEIRO, Fábio José Alves; MARQUES, V. R. Avaliação das aprendizagens: entre o dito e o praticado. **Revista Cocar**. v. 13, n. 27, p. 768-783, Set./Dez./ 2019.

SANTOS, Karine Cerdeira; MARQUES, Valéria Risuenho. Avaliação formativa: um olhar discente/docente sobre as práticas de professores dos anos iniciais. **ReviSeM**, n. 2, p. 307-327, 2020.

SILVA, Janssen Felipe da. **Avaliação do ensino e da aprendizagem numa perspectiva formativa reguladora**. Disponível em: http://smeduquedecaxias.rj.gov.br/nead/Biblioteca/Formação%20Continuada/Avaliação/janssen1.pdf. Acesso em: 3 jan. 2018.

TOKARNIA, Mariana. Escolas particulares perdem um terço das matrículas na pandemia. **Agência Brasil**, Brasília, 01 maio de 2021. Disponível em: https://agenciabrasil.ebc.com.br/educacao/noticia/2021-05/escolas-particulares-perdem-um-terco-das-matriculas-na-pandemia. Acesso em: 10 dez. 2021.

A construção de indicadores com base nas noções conceituais de Bourdieu: o uso das bases do INEP para além dos *rankings*

Franciney Carvalho Palheta
Isabel Cristina Rodrigues de Lucena
Wilma de Nazaré Baia Coelho

Introdução

Em avaliação educacional é muito comum a utilização de indicadores educacionais para estabelecer relações sobre o desempenho de estudantes nas avaliações em larga escala[9]. No Brasil há um grande problema quando se adota o Índice de Desenvolvimento da Educação Básica (IDEB) como principal indicador de qualidade da educação brasileira, pois não apresenta informações sobre desigualdades educacionais nas escolas (PALHETA; LUCENA; TAVARES, 2021) e outras informações relevantes para tratar da qualidade educacional[10]. Outra limitação do IDEB está no fato de ser um indicador unidimensional e a educação ser inerentemente multidimensional, tal como defendem Maria Amélia Franco e Selma Pimenta (2016), para quem o ensino se constitui como uma atividade multidimensional, em razão das inúmeras dimensões a serem consideradas quando a ele nos referimos. Essas múltiplas dimensões dizem respeito a fatores intraescolar e extraescolar, tanto associados à família quanto a escola dos/as estudantes, alinhados ao argumento

9 A literatura especializada é pródiga em relacionar o desempenho de estudantes, avaliações em larga escala e indicadores educacionais. Este debate, que se encontra em curso, tem sido feito por inúmeros/as pesquisadores/as desse campo, dentre os quais: Alenis Andrade (2015); Quelli Oliveira (2015); Betisabel Santos (2016); Sylvia Oliveira (2015); Ivanilda Villas Boas (2016); Lucinalda Lima (2018) que centram suas reflexões sobre as questões de indicadores educacionais como o Ideb. Outros ainda, que enfocam o campo sob a perspectiva dos resultados/desempenho e rendimento das avaliações externas, tais como: Larissa Dantas (2015); Giovanni Nanni (2015); Aisi Silveira (2016).

10 No que tange ao que tem sido chamado de "qualidade da educação", as reflexões de Jamil Cury (2014) expressam a ambiguidade e a complexidade existentes ao falar sobre esta dimensão.

de Paulo Januzzi (2002), para quem os fatores sociais devem ser objeto de atenção detida por parte daqueles/as que os pesquisam, pois a ausência de tal *expertise* pode incorrer naquilo que ele chama de "reificação da medida", aspecto sobre o qual atentaremos neste texto.

Neste capítulo, objetivamos refletir sobre uma série de indicadores contextuais para escolas brasileiras com base nas noções conceituais de Bourdieu. Para isto foram escolhidas escolas de estudantes do 5º ano do Ensino Fundamental, por se tratar da etapa que apresenta os melhores indicadores educacionais no Brasil e por se tratar, na compreensão de Romualdo Oliveira (2007), aquela que é "próxima a universalização". Desta forma a relevância deste capítulo reside em refletir sobre a construção de indicadores de *capitais econômicos, culturais e sociais* com base nas noções conceituais de Pierre Bourdieu, utilizando dados do Censo escolar e do SAEB. Em geral, esses indicadores levam em consideração a instituição familiar, e não se espraiam para as escolas, como os relacionamos neste texto.

As noções conceituais dos capitais de Bourdieu na Educação

Para refletir sobre a importância da escola, importa demarcarmos a limitação imposta, por circunstâncias diversas, no que se refere às possibilidades desta instituição. Assim, concordamos com Wilma Coelho, Kátia Regis e Carlos Silva (2021) que a escola não pode ser responsável por tudo, mas a reconhecemos como um lugar estratégico, de combate a todo o tipo de discriminação e de desigualdade de toda a ordem. Tendo no horizonte essa realidade, de que, por vezes, a escola tende a reproduzir as estruturas sociais da sociedade, neste texto, tal aspecto refletirá essa tendência.

Por meio das noções conceituais de Pierre Bourdieu (1989), para quem o *capital* ultrapassa o pressuposto de que somente as condições econômicas familiares, ou os *dons naturais* dos/as estudantes, seriam suficientes para explicar os resultados educacionais, pautamos os dados aqui examinados. A despeito de todo o avanço desenvolvido para minimizar as desigualdades sociais no âmbito escolar, não raras vezes concretiza-se, na escola brasileira, aquilo que Bourdieu (2007) ponderou ao refletir sobre o sistema educacional francês – ainda que reconheçamos as diferenças estruturais sobre estas duas realidades – sobre as desigualdades sociais, as quais têm, por vezes, chancelado a *herança cultural* e o *dom social* como se fossem dados naturais da realidade.

Desta forma, a escola pode não ser tão "igual" e o sentido que se atribui à meritocracia é um falso pressuposto ao tratar todos/as os/as estudantes de maneira igual, como se o sucesso viesse por esforço próprio. Este tratamento de igualdade esconde o tratamento da falta de equidade, ou seja, que seria tratar cada estudante de acordo com sua condição social. Para compreender as noções conceituais de Bourdieu, serão apresentadas sínteses de discussões do autor, como: *capital*, *habitus* e *campo*.

Desta forma, além do *capital econômico* para explicar os resultados educacionais há outros capitais, como os *capital social* e *cultural*, a partir dos quais se pode refletir sobre como, não é incomum a escola permanecer no vício de as desigualdades sociais. Diante da perspectiva de Bourdieu, as pessoas pertencentes a diversos grupos sociais interagem dentro do *campo social*, onde é possível formular estratégias com base nos vários tipos de *capitais* que possuem e assim permanecer, ou melhorar, sua posição social. Desta forma, os *capitais social e cultural*, juntamente com o *capital econômico*, permitem a ascensão social ou podem contribuir no desempenho educacional daqueles/as agentes.

O *capital econômico* pode ser estruturado nas suas várias formas de produção como terras, fábricas e trabalho ou na forma de bens acumulados como dinheiro, patrimônio e bens materiais (BONAMINO, *et al*, 2010). Por meio de várias estratégias, este *capital* pode ser investido para manter, ou melhorar, a posição social. Este investimento pode ocorrer por meio do próprio acúmulo de *capital econômico*, investimentos culturais ou na ampliação das relações sociais.

Outro conceito importante é o de *capital social*, que explica como investimentos são feitos pelos indivíduos ou grupos, em especial pela família. Assim, *capital social* "é o conjunto de recursos atuais ou potenciais que estão ligados à posse de uma *rede durável de relações* mais ou menos institucionalizadas de conhecimento ou reconhecimento mútuo" (BOURDIEU, 2007a, p. 67, grifos nossos). Este pode se apresentar em duas dimensões, uma que envolve as relações no interior da família e como isto contribui para o desenvolvimento escolar dos/as estudantes e outra na dimensão extrafamiliar, ou seja, pelas redes de relações sociais, dentro de vários contextos como o econômico, comunitários, em relações formais ou informais. Nestes casos, dois elementos constitutivos do *capital social* são fundamentais para sua compreensão. Um deles se refere às redes de relações sociais (amizades, parentesco, contatos profissionais e outros), o outro se refere à amplitude e qualidade dessas relações, ou seja, da posição social (capital econômico, cultural, social e simbólico). Desta forma, discorre o autor, quanto maior o capital *social* da família, melhores e maiores são os benefícios que pode obter, como uma indicação para um emprego ou bolsa de estudo, por exemplo.

A estratégia de como cada membro vai mobilizar seus *capitais* representa seu *habitus*, que seria obtido pelo aprendizado do tipo de investimento mais eficaz para se conseguir um determinado resultado. Assim, no sentido *bourdieusiano, habitus* são "sistemas de disposições duráveis e transponíveis, estruturas estruturadas predispostas a funcionar como estruturas estruturantes, ou seja, como princípios geradores e organizadores de práticas e de representações" (BOURDIEU, 2009, p. 87). Seria a ação para agir. Assim, cada membro do grupo, dentro de um dado *campo*, pode, a partir de suas experiências passadas, escolher mecanismos mais rentáveis para seus propósitos.

Finalmente, outra forma de *capital* que ajuda a compreender como podem ocorrer a mobilidade social e o desempenho acadêmico está na apropriação, pela família, ou grupo social, de *capital cultural*. Tal *capital* se constitui sob três aspectos: incorporado, objetivado e institucionalizado (BOURDIEU, 2007b). O *capital cultural* incorporado corresponde ao *background* familiar, aos conhecimentos culturais que acompanham a família. Quanto mais próximo da cultura hegemônica, e quanto maior a familiaridade com esta cultura, melhores serão os resultados escolares. Na visão de Bourdieu, este tipo de *capital* tem maior peso no sucesso acadêmico dos/as estudantes. O *capital* objetivado se materializa na aquisição de bens culturais como livros, quadros, esculturas, visitas a museus, entre outros. O *capital econômico* pode propiciar a aquisição deste tipo de *capital*, no entanto, ele só estará presente se a família possui os códigos e gostos capazes de decifrá-los (apreciá-los). Por fim o *capital cultural* pode estar presente na forma institucionalizada, que ocorre por meio de títulos acadêmicos.

Assim, quanto mais investimento de *capital social e econômico* houver, ter-se-á, via de regra, um retorno em *capital cultural* institucionalizado, por meio de uma escolaridade maior. No entanto, quanto mais fácil for a aquisição desses títulos, menor será o seu valor de mercado, o que Bourdieu chama de *inflação de títulos*. Esses *capitais* não atuam de forma igual sobre o desempenho escolar, pois

> Sabemos que o êxito escolar é função do capital cultural e da propensão a investir no mercado escolar [...] e em consequência, as frações mais ricas em capital cultural e mais dispostas a investir em trabalho e aplicação escolar são aquelas que recebem a consagração e o reconhecimento da escola (BOURDIEU, 1999, p. 331).

Assim, o *capital econômico* não pode restringir, por essa dimensão, a explicação da trajetória dos/as estudantes. Na visão de Bourdieu, os membros de uma classe social vão fazer investimentos em várias formas de *capital* (econômico, social e cultural) e o sucesso desse investimento, o retorno esperado, é o resultado do arranjo de como esses *capitais* estão configurados. Franciney Palheta (2020) enfatiza a premissa de Pierre Bourdieu ao afirmar a tese da importância das configurações de *capitais* da escola no sucesso dos/as estudantes, para quem, ancorado na premissa de Bourdieu, os/as estudantes que possuem uma origem em uma classe social com maior acúmulo de *capital econômico, social e cultural* terão maiores chances de sucesso dentro da escola. Desta forma,

> Para que sejam favorecidos os mais favorecidos e desfavorecidos os mais desfavorecidos, é necessário e suficiente que a escola ignore, no âmbito dos conteúdos do ensino que transmite, dos métodos e técnicas de transmissão e dos critérios de avaliação, as desigualdades culturais (as desigualdades de capitais sociais e econômicos.) entre crianças das diferentes classes sociais (BOURDIEU, 2007, p.53)

Portanto, a escola sob a premissa de oferecer as mesmas condições de oportunidades a todos/as estaria, de forma dissimulada, beneficiando quem possui maior quantidade desses *capitais*. Deste modo, estaria reproduzindo os valores culturais dos estratos sociais mais elevados. Uma vez que a sociedade produz certo *capital cultural* (*arbitrário cultural*), a escola reproduz esse conhecimento. Assim, o *arbitrário cultural* diz respeito a uma forma de cultura que foi legitimada pela classe dominante como sendo a melhor para ser aprendida.

No Brasil, esse *arbitrário cultural* está legitimado pelas diversas matrizes de referências adotadas nas avaliações em larga escala. Trata-se de uma política nacional que, para atender a uma demanda internacional, vem utilizando avaliações em larga escala desde os anos 90 do século XX de acordo com a literatura especializada anteriormente mencionada na nota 1. Na medida em que estas avaliações externas ganham importância, as escolas passam a tratá-las como matrizes curriculares. Embora,

> Torna-se necessário ressaltar que as matrizes de referência não englobam todo o currículo escolar. É feito um recorte com base no que é possível aferir por meio do tipo de instrumento de medida utilizado na Prova Brasil e que, ao mesmo tempo, é representativo do que está contemplado nos currículos vigentes no Brasil. (BRASIL, 2008).

Mesmo que esta ressalva esteja formalizada em documento oficial do MEC (BRASIL, 2008), as escolas têm legitimado culturas e conhecimentos que são úteis para as avaliações em larga escala. Assim, não promovem uma educação com justiça social, equidade educacional e não valorizam um ensino cujo currículo seja o mais amplo possível.

Neste capítulo, consideramos que os sistemas educacionais constituídos por escolas federais, estaduais ou municipais formam um *campo*, o qual, para Bourdieu, é um espaço estruturado e estruturante, hierárquico, com regras definidas pelos dominantes para atuação dos dominados, são as *regras do jogo* que se pode jogar (BOURDIEU, 1983a; 1983b; 1989; 1996; 2004). No *campo* há uma distribuição desigual de *capital*. Nesse *campo* faz sentido definir que as práticas são produzidas na relação entre *habitus* e *capital* dentro de um *campo* (BOURDIEU, 2007b).

No sistema educacional do Brasil, como as escolas são muito heterogêneas há uma grande desigualdade de oportunidades educacionais. Em virtude dessa heterogeneidade, se verifica um efeito no desempenho dos/as estudantes em avaliações em larga escala. Ao se analisar um determinado sistema de ensino, de algum município, pode-se verificar diferenças de *capital econômico*, *cultural e social* entre as escolas, ou seja, dentro desse sistema há um gradiente[11] de *capitais* em razão da distribuição desigual de *capital* pelo *campo* que este sistema representa. Desta forma, as escolas possuem um potencial, associado a elas, que pode produzir desigualdades educacionais.

Nas próximas seções, será mostrado como se obtém e se determina, quantitativamente, cada um desses *capitais*, o que é imprescindível para se compreender como a sua distribuição desigual pode produzir desigualdades de desempenho em avaliação em larga escala pelo Brasil. Além disso, será mostrado como os bancos de dados do Censo Escolar e do Saeb serão utilizados na construção desses indicadores.

Metodologia

Para construir os indicadores de *capitais* das escolas foram utilizadas algumas bases de dados do Instituto Nacional de Estudos e Pesquisas Educacionais Anísio Teixeira (INEP), como os microdados[12] referentes ao Censo Escolar de 2015 (INEP, 2016b) e da Prova Brasil/2015 (INEP, 2016a). Foi utilizada a Teoria da Resposta ao Item (TRI) por meio do modelo de respostas graduais de Samejima (ANDRADE; TAVARES, VALLE, 2000). A TRI permitiu determinar indicadores com base nos questionários do Censo Escolar e do SAEB, ambos de 2015. Ao utilizar a TRI, é possível construir escalas que podem ser comparáveis em anos diferentes para as mesmas escolas. Assim, foi construída uma escala para cada *capital* da escola, o que deu origem aos indicadores, como: capital econômico da escola (ICEE), de capital cultural da escola (ICCE) e de capital social da escola (ICSE). Esses 3 *capitais* conformarão o que será denominado de *capital global da escola.* Quando se determina o indicador pela TRI, a escala fica (0,1), ou seja, média 0 e desvio-padrão 1. Nesta escala, os valores obtidos para o indicador podem ficar abaixo da média 0 com valores negativos, ou acima de média 0 com valores positivos.

11 Em cálculo vetorial, o termo gradiente ou vetor gradiente é um vetor determinado a partir de um campo escalar em que se obtém sentido e a direção de maior incremento possível no valor da grandeza.

12 Esses Dados podem ser obtidos por meio dos microdados do Inep que constituem no menor nível de desagregação de dados recolhidos por pesquisas, avaliações e exames realizados. Esses microdados podem ser obtidos em: http://portal.inep.gov.br/web/guest/microdados.

No entanto, para ser mais didático, todos os *capitais* tratados nesta seção passaram por uma transformação linear com média 50 e desvio-padrão 10. Assim, cada um dos *capitais* obtidos terão valores que variam entre 0 e 100 a fim de possibilitar trabalhar com escalas mais próximas de nossa realidade cotidiana. Por meio de uma transformação de escala, todos os *capitais* apresentados neste capítulo, após serem estimados na escala padrão (0,1) passarão pela transformação linear:

$$CECON\ (50{,}10) = CECON\ (0{,}1) * 10 + 50 \qquad (1).$$

Esta abordagem é utilizada pelo INEP ao construir a escala do SAEB, que varia de 0 a 500 (média 250 e desvio-padrão 50), ou no ENEM com a escala entre 0 e 1000 (média 500 e desvio-padrão 100). Estas escalas são totalmente arbitrárias e nos remetem à experiência cotidiana. Por exemplo, quando utilizamos uma régua escolar que varia entre 0 e 30, ou uma fita métrica que varia de 0 a 100[13]. Da mesma forma, será adotada uma "fita métrica" para cada indicador utilizado neste texto, com tamanho entre 0 e 100.

Além de ser feita a transformação linear, foram criadas categorias para cada indicador, em quatro níveis: BAIXO, MÉDIO, INTERMEDIÁRIO E SUPERIOR. Assim, será considerado um capital econômico BAIXO, quando o valor estimado for inferior a 50, MÉDIO quando estiver entre 50 e 60, INTERMEDIÁRIO, caso o valor esteja entre 60 e 70 e SUPERIOR quando for superior a 70.

13 As escalas utilizadas no Brasil para medida de comprimento têm como a unidade padrão o Metro de acordo com o Sistema Internacional de Unidades. Os nossos indicadores têm escala, mas não têm um sistema de medida, portanto, são adimensionais.

Quadro 1 – Capitais da escola e seus componentes

CAPITAIS DA ESCOLA	COMPONENTES
Indicador de Capital Econômico da Escola	Indicador de Infraestrutura da Escola (IIFE)
	Indicador de Estado de Conservação da Escolar (IEC)
Indicador de Capital Cultural da Escola (Indicador de Capital Cultural Professor)	Indicador de Formação e Experiência Docente (IFEX)
	Indicador de Hábitos e Recursos (IHR)
	Indicador de Práticas Docentes (IPD)
Indicador de Capital Social da Escola (Indicador de Clima Escolar + Indicador de Gestão Escolar)	Indicador de Capital Social dos Professores (ICSP)
	Indicador de Insumos de Segurança (IIS)
	Indicador de Clima Devido à Gestão (ICDG)
	Indicador de Gestão Escolar (IGE)

Fonte: Produzido a partir dos dados do INEP, SAEB e Censo Escolar.

O Quadro 1 mostra, de forma simplificada, os 9 indicadores que compõem as 3 formas de *capitais* da escola. O Indicador de capital econômico da escola possui 2 componentes, um relacionado à infraestrutura (IIFE) e outro ao estado de conservação (IEC). O indicador de capital cultural da escola fica reduzido ao capital cultural do professor, decomposto em 3 componentes. Esses componentes representam o capital cultural institucionalizado (IFEX), o capital cultural objetivado (IHR) e o capital cultural incorporado (IPD). Finalmente, o indicador de capital social possui 3 componentes, o indicador de capital social dos professores (ICSP), o indicador de clima escolar e o indicador de gestão escolar. No caso do indicador de clima escolar, ele foi construído com 2 componentes: indicador de insumos de segurança (IIS) e o indicador de clima devido à gestão (ICDG).

Resultados

O componente Indicador de Infraestrutura (IIFE) foi determinado a partir da base de dados do Censo Escolar de 2015. Foram escolhidas as questões cujas repostas eram se a escola possuía ou não o item (variáveis dicotômicas). Portanto, não foi considerada a quantidade de equipamentos presentes na escola. Para o indicador de estado de conservação (IEC), foi utilizado o questionário contextual respondido pelo aplicador externo da prova do SAEB.

Gráfico 1 – Percentual de escolas para o capital econômico das escolas

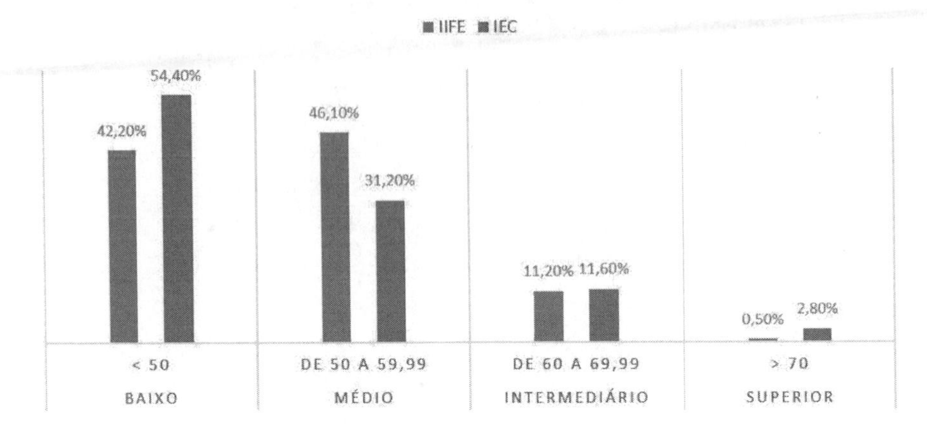

Fonte: SAEB, 2015.

No Gráfico 1, percebe-se que existem 88,3% das escolas da amostra com infraestrutura abaixo do INTERMEDIÁRIO. Na escala estimada pela TRI, são 10.844 escolas que somam menos de 40 pontos na escala, ou seja, que só possuem equipamentos como TV, DVD, impressora, som, sala de diretoria e fazem coleta periódica de lixo. No outro extremo, são apenas 354 escolas com nível SUPERIOR de infraestrutura e que possuem o maior número de itens.

Para fazer estimativa do indicador de conservação das escolas, foi utilizada a base de dados sobre a escola que é respondida por um aplicador externo. Esta base tem 57.744 escolas. No entanto, foram excluídas as escolas que tinham menos de 70% do questionário respondido. Assim, a base final ficou com 56.121 escolas. Pelo Gráfico 1, nota-se que mais da metade das escolas encontra-se em estado BAIXO (30.536 escolas) quanto ao estado de conservação e menos de 15% (8.082 escolas) em nível INTERMEDIÁRIO ou SUPERIOR.

O indicador Capital Cultural tem 3 componentes que foram obtidos da base do SAEB a partir dos questionários respondidos por 68.353 professores de matemática do 5º ano, 9º ano do Ensino Fundamental e 3º ano do Ensino Médio. Foram mantidos apenas os questionários sem casos faltantes. Desta forma a base de dados ficou com 68.202 professores de matemática.

Pelo Gráfico 2, nota-se que os indicadores mostram que cerca de 50% dos/as professores/as estão no nível BAIXO, enquanto no nível SUPERIOR tem cerca de 2%. Dos três componentes do indicador de capital cultural, o ICPD é aquele que apresenta maior variação entre os/as professores/as, com cerca de 80 pontos entre a nota mínima e máxima (na escala (50,10) e tem como média a nota máxima, ou seja, 1.333 professores que declaram fazer o melhor em termos de práticas docentes.

Gráfico 2 – Percentual de escolas para os indicadores que compõem o capital cultural da escola.

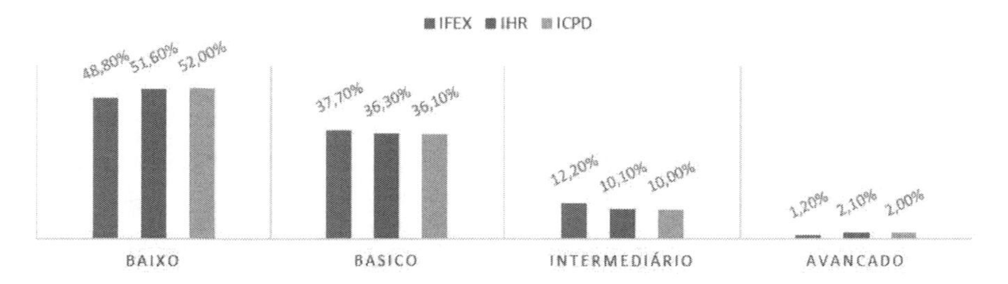

Fonte: Produzido a partir dos dados do INEP, SAEB e Censo Escolar.

O indicador de capital social (Gráfico 3) vai tratar das relações em rede que ocorrem dentro da escola, como a integração da equipe escolar ou políticas e ações realizadas por meio de projetos dentro da escola. Indica como o *habitus* de professores concorrem para fortalecer uma rede de apoio aos/às estudantes.

Gráfico 3 – Proporção de escolas para o indicador de capital social das escolas

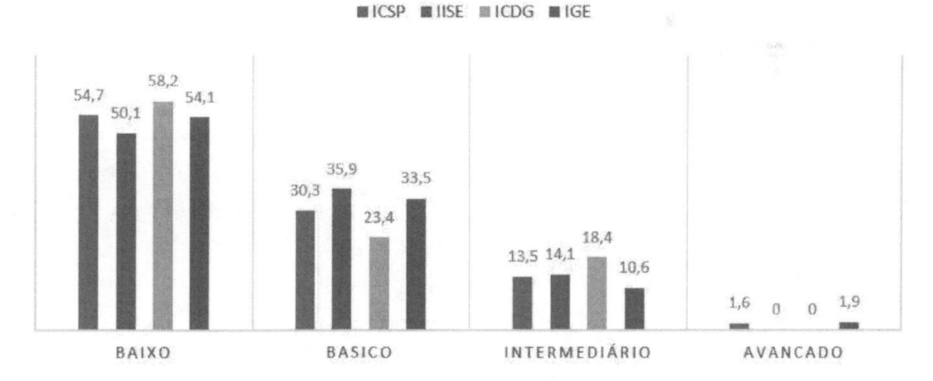

Fonte: Produzido a partir dos dados do INEP, SAEB e Censo Escolar.

No caso da componente ICSP, esta foi elaborada a partir do questionário dos/as professores/as. Os dados são pautados em como a equipe escolar se relaciona no ambiente escolar, sobre a percepção de problemas de aprendizagem e expectativa futura dos/as estudantes, além da indicação sobre violência sofrida pelos/as professores/as. A indicação da percepção sobre violência vai alterar o *habitus* dentro da rede social da escola, o que pode comprometer o currículo escolar. Esses dados indicam como se dão as inter-relações pessoais entre professores e estudantes, em termos de convívio e aprendizagem, pois mostram o quanto o/a professor/a está atento/a aos/às estudantes. A componente ICSP permite obter dados sobre as práticas escolares dos/as professores/as.

No caso do indicador sobre clima escolar, este trata tanto dos equipamentos quanto de procedimentos de segurança, ou da violência sofrida pelo/a gestor/a. Este componente ajuda a compreender como a comunidade escolar tende a modificar seus *habitus* e produzir práticas escolares de acordo com o nível de violência dentro do campo escolar. A escola, por vezes, legitima as desigualdades, uma vez que pertence a um meio social violento, permite que várias formas de violência possam entrar em seu interior e modificar práticas escolares. Essas violências podem ser tanto simbólicas quanto físicas. Quanto às violências simbólicas, estão questões voltadas ao *bullying*, ao currículo, muitas vezes distantes da realidade dos/as estudantes, e em especial ao capital cultural das famílias. No caso do currículo, em que muitas vezes se exige que se estude para o ENEM, é carregado de imensa violência simbólica[14] pela imposição do *arbitrário cultural* que legitima os vencedores e os vencidos[15], aqueles que serão os dominantes e os dominados, que estratifica cada vez mais uma sociedade excludente.

A outra componente (IGE) do capital social mostra como a escola por meio de ações e programas cria uma rede de apoio aos/às estudantes. Dentro deste indicador estão questões que mostram como a escola reduz as taxas de abandono e a reprovação escolar. São taxas utilizadas no cálculo do IDEB,

---

14 Para Pierre Bourdieu (1989, p. 204), a violência simbólica é coerção que só se institui por intermédio da adesão que o dominado acorda ao dominante (portanto à dominação) quando, para pensar e se pensar ou para pensar sua relação com ele, dispõe apenas de instrumentos de conhecimento que têm em comum com o dominante e que faz com que essa relação pareça natural.

15 Esta violência pode ser vista em camisas de estudantes que fazem cursinhos no dia da prova, onde se lê: "Em luto... pela sua derrota", "passo porque sei", "eu posso, eu passo" ou "sua vaga é minha". Uma forma de intimidação aos outros estudantes. https://educacao.uol.com.br/noticias/bbc/2019/11/08/enem-2019-camisas-intimidatorias-de-cursinhos-que-causam-polemica.htm

além de indicar atividades de reforço escolar, questões voltadas à integração da escola com os pais e com a comunidade, e de combate ao *bullying*.

A componente IISE foi obtida do questionário da ESCOLA, respondido por um observador externo que indica o estado de conservação da escola em itens que dizem respeito à segurança, como controle de entrada e saída de estudantes e pessoas à escola ou sobre vigilância, policiamento, equipamentos de proteção e segurança. No caso do ICDG mostra que a escola não está fora da sociedade e, assim como aumenta a violência fora da escola, há um reflexo no dia a dia escolar.

Considerações finais

Este capítulo propôs-se a apresentar indicadores contextuais, com base nas noções conceituais de Bourdieu sobre *capitais econômicos, culturais e sociais* para a instituição escola, e não para a instituição família, como normalmente se encontra na literatura.

Na primeira parte do trabalho, foram apresentas as noções conceituais de Bourdieu. Em seguida, destacamos que bases do INEP foram utilizadas para a construção dos indicadores e como as escalas foram construídas para cada indicador.

É sabido que o principal indicador adotado no Brasil para discutir qualidade educacional é o IDEB e este raramente aparece associado ao contexto dos/as estudantes por meio do INSE (indicador de nível socioeconômico). Assim, este trabalho mostra possibilidades de se compreender a educação para além de um único indicador, mas olhar para a diversidade, ao mostrar como é diverso e complexo o contexto da educação brasileira. Isto não significa desconsiderar a importância do IDEB, mas olhar somente por este indicador nos limita a visão sobre outros fatores importantes no cenário educacional e de como estes indicadores podem influenciar o desempenho estudantil.

Quanto aos indicadores de capitais para a escola, estes surgem com uma relevância maior pelo fato de não se encontrar na literatura este tratamento. Desta forma, o indicador de capital econômico mostrou que, quanto à infraestrutura, a maior parte de suas escolas situa-se em níveis abaixo do MÉDIO. Quanto ao capital cultural, apenas cerca de 12% das escolas apresentam capital cultural com níveis INTERMEDIÁRIO e SUPERIOR. Para o capital social das escolas, o valor é um pouco melhor nesses níveis, com cerca de 14%.

Esses indicadores podem ser utilizados para mostrar como alguns resultados educacionais, como desempenho em avaliações de larga escala, distorção série-idade, as várias formas de desigualdades educacionais e outros podem ser explicados pela quantidade de capitais disponíveis, tanto nas escolas quanto nas famílias.

Referências

ANDRADE, A. L. **Indicadores de Qualidade da Educação Básica sob olhar da pesquisa científica**: Prova Brasil e IDEB. Tese (Doutorado em Educação). Universidade do Vale do Rio dos Sinos, São Leopoldo/RS, 2015.

ANDRADE, D. F. de; TAVARES, H. R.; VALLE, R. C. **Teoria da Resposta ao Item**: conceitos e aplicações. São Paulo: ABE, 2000.

BONAMINO, A. *et al.* Os efeitos das diferentes formas de capital no desempenho escolar: um estudo à luz de Bourdieu e de Coleman. **Rev. Bras. Educ.** v. 15, n. 45, p. 487-499, 2010. Disponível em: http://dx.doi.org/10.1590/S1413-24782010000300007. Acesso em: 05 maio 2017.

BONAMINO, A. O Campo Científico. *In*: ORTIZ, Renato (org.). São Paulo: Editora Ática, 1983a (Coleção Grandes Cientistas Sociais, n 39).

BONAMINO, A. Algumas propriedades dos campos. *In*: BOURDIEU, Pierre. **Questões de sociologia**. Rio de Janeiro: Marco Zero, 1983b.

BOURDIEU, P. **O poder Simbólico**. Tradução de Fernando Tomaz (Português de Portugal). Rio de Janeiro: Bertrand Brasil,1989.

BOURDIEU, P. **As regras da arte: gênese e estrutura do campo literário**. São Paulo: Cia das Letras; 1996.

BOURDIEU, P. **A economia das trocas simbólicas**. Introdução, organização e seleção de Sergio Miceli. 5 ed. Perspectiva: São Paulo, 1999.

BOURDIEU, P. **Os usos sociais da ciência**: por uma sociologia clínica do campo científico. São Paulo: UNESP, 2004.

BOURDIEU, P. O capital social: notas provisórias. *In*: NOGUEIRA, Maria Alice; CATANI, Afrânio (org.). **Escritos sobre a Educação**. 9 ed. Petrópolis: Vozes, 2007a, p. 65-69.

BOURDIEU, P. A Escola Conservadora: as desigualdades frente à escola e à cultura. In NOGUEIRA, M.A. e CATANI, A. (org.). **Escritos da Educação**. 9 ed. Petrópolis: Vozes, 2007b, p. 29-63.

BOURDIEU, Pierre. **Senso Prático**. Tradução de Maria Ferreira. Revisão da Tradução de Odaci Luiz Coradini. Petrópolis: Vozes, 2009

BOURDIEU, P.; PASSERON, J. C. **A Reprodução. Elementos para uma teoria do sistema de ensino**. 7 ed. Trad. Reynaldo Bairão. Petrópolis: Vozes, 2014.

BRASIL. **PDE: Plano de Desenvolvimento da Educação:** SAEB: ensino médio: matrizes de referência, tópicos e descritores. Brasília: MEC, SEB; Inep, 2008.

COELHO, W.N.B; REGIS, K. E.; SILVA, C. A. F. Lugar da Educação das Relações Étnico-Raciais nos Projetos Político-Pedagógicos de duas escolas paraenses. **Revista Exitus**, Santarém/PA, Vol. 11, p. 01 - 24, E-location 020129, 2021. Disponível em: http://www.ufopa.edu.br/portaldeperiodicos/index.php/revistaexitus/article/view/1533 . Acesso em: 19 nov. 2021.

CURY, C. R. J. A qualidade da educação brasileira como direito. **Revista Educação e Sociedade**, Campinas, v. 35, n. 129, p.1053-1066, out./dez, 2014. Disponível em: http://www.scielo.br/pdf/es/v35n129/0101-7330-es-35-129-01053.pdf. Acesso em: 19 nov. 2021.

DANTAS, L. M. **Avaliação Externa e Prática Docente:** o caso do Sistema Permanente de Avaliação da Educação Básica do Ceará (SPAECE) em uma escola em Maracanaú-Ce. Dissertação (Mestrado em Educação). – Universidade do Estado do Ceará, Fortaleza/CE, 2015.

FERRÃO, M. E.; FERNANDES, C. O efeito-escola e a mudança - dá para mudar? Evidências da investigação Brasileira. **REICE. Revista Iberoamericana sobre Calidad, Eficacia y Cambio en Educación**, v. 1, n. 1, jul. 2003. Disponível em: https://revistas.uam.es/index.php/reice/article/view/5343. Acesso em: 14 ago. 2016

FRANCO, M. A. S.; PIMENTA, S. G. Didática Multidimensional: por uma sistematização conceitual. **Educação & Sociedade** [online]. v. 37, n. 135 , p. 539-553, 2016. Disponível em: https://doi.org/10.1590/ES0101-73302016136048. Acesso em: 19 nov.2021

INEP. **Microdados da Aneb e da Anresc 2015**. Brasília: Inep, 2016a. Disponível em: http://portal.inep.gov.br/basica-levantamentos-DDE 4ssar. Acesso em: 05 Dez.2017.

INEP. **Censo Escolar**, 2015. Brasília: MEC, 2016b. Disponível em:<http://download.inep.gov.br/microdados/micro_censo_escolar_2015.zip>. Acesso em: 19 nov. 2021.

JANNUZZI, P. M. Considerações sobre o uso, mau uso e abuso dos indicadores sociais na formulação e avaliação de políticas públicas municipais. **Revista de Administração Pública**, Rio de Janeiro, v. 36, n. 1, p. 51-72, jan./fev. 2002. Disponível em: https://bibliotecadigital.fgv.br/ojs/index.php/rap/article/view/6427. Acesso em: 19 nov. 2021.

LIMA, L. C. **Índice do Desenvolvimento da Educação Básica (IDEB)**: um estudo de caso em uma Escola Municipal de Cáceres – MT. Dissertação (Mestrado em Educação). Universidade Federal do Mato Grosso, Cáceres/MT, 2018.

NANNI, G. **Desempenho de uma Escola Pública Estadual de Ensino Fundamental no Ideb e Rendimento de seus alunos na Prova Brasil**: um estudo de caso de gestão educacional. Dissertação (Mestrado em Educação). Universidade do Oeste Paulista, Presidente Prudente/SP, 2015.

OLIVEIRA, Q. C. S. **O IDEB e a qualidade da educação**: a política do IDEB nas escolas da rede municipal de Francisco Beltrão – PR, no período de 2007-2013. Dissertação (Mestrado em Educação) – Universidade do Oeste do Paraná, Francisco Beltrão/PR, 2015.

OLIVEIRA, S. B. A. S. **Avaliação do Processo de Auto Regulação do Desempenho Escolar dos Alunos do 5º ano do Ensino Fundamental**. Dissertação (Mestrado em Educação) – Pontifícia Universidade Católica de Campinas, Campinas/SP, 2015.

OLIVEIRA, Romualdo P. Da universalização do ensino fundamental ao desafio da qualidade: uma análise histórica. **Educ. Soc.** [online], Campinas, v. 28, n. 100, p. 661-690, 2007. Disponível em: https://www.scielo.br/pdf/es/v28n100/a0328100.pdf. Acesso em: 19 nov. 2021.

PALHETA, F.C. **Capital global das escolas e desigualdade de desempenho em Matemática em avaliações de larga escala no Brasil**. Tese (Educação em Ciências e Matemática) - Universidade Federal do Pará. Belém/PA, 2020.

PALHETA, F. C.; LUCENA, I. C. R.; TAVARES, H. T. R. Um olhar para a desigualdade educacional em matemática no Brasil: Para além das metas do IDEB. **Revista de Matemática, Ensino e Cultura - REMATEC**, Belém/PA, v. 16, Fluxo contínuo, p. 141-162, Jan.-Dez., 2021. DOI: https://doi.org/10.37084/REMATEC.1980-3141.2021.n.p141-162.id332. Acesso em: 15 set.2021.

SANTOS, B. V. J. **Índice de Desenvolvimento da Educação Básica (Ideb)**: afinal de quem é essa nota? Tese (Doutorado em Educação) – Pontifícia Universidade Católica do Rio Grande do Sul, Porto Alegre/RS, 2016.

SILVEIRA, A. A. F. **Uso dos Resultados das Avaliações Externas em Escolas de uma cidade do sul de Minas Gerais**. Dissertação (Mestrado em Educação) – Universidade do Vale do Sapucaí, Pouso Alegre/MG, 2016.

SOUZA, A. M. (Org.). **Dimensões da Avaliação Educacional**. 3. ed. Petrópolis: Vozes, 2011.

VILAS BOAS, I. V. **A percepção dos professores sobre o IDEB de sua escola**: ele reflete o trabalho desenvolvido? Dissertação de Mestrado – Universidade do Vale do Sapucaí, Pouso Alegre/MG, 2016.

Uma experiência na formação de professoras usando tarefas de ensino-aprendizagem-avaliação de matemática para os anos iniciais

Isabel Cristina Rodrigues de Lucena
Valéria Risuenho Marques
Ieda Maria Giongo

Introdução

Este capítulo foi elaborado a partir da comunicação científica publicada nos Anais do V Encontro de Educação Matemática nos Anos Iniciais e IV Colóquio de Práticas Letradas ocorrido no ano de 2018 e sediado pela Universidade Federal de São Carlos em São Paulo – Brasil (EEMAI, 2018).

Na ocasião, o GEMAZ desenvolvia projeto de pesquisa conjunto com a Instituições de Ensino Superior UNIVATES (Rio Grande do Sul – Brasil), pesquisa essa intitulada "Ensino-aprendizagem-avaliação em Matemática nos Anos Iniciais do Ensino Fundamental: atividades exploratório–investigativas e formação docente", aprovada pela Chamada MCTI/CNPq N. 01/2016 UNIVERSAL.

O objetivo geral do projeto foi problematizar estratégias de estudantes na resolução de atividades exploratório-investigativas de matemática elaboradas em estudos conjuntos com grupos de professores dos Anos Iniciais a fim de examinar quais aprendizagens teórico-metodológicas são desencadeadas por esses professores considerando a relação ensino-aprendizagem-avaliação a partir de suas próprias.

Os estudos conjuntos ocorriam em momentos formativos, junto às professoras dos Anos Iniciais, ocorridos tanto na ambiência escolar quanto nas instituições de nível superior UFPA e UNIVATES, com o grupo de professores das escolas públicas envolvidas e pertencentes aos municípios de Belém-PA e do Vale do Taquari-RS, respectivamente.

No presente capítulo temos apresentaremos a descrição e análise de um momento de formação ocorrido em uma escola pública de Belém-PA em que foi trabalhada, juto às professoras dos Anos Iniciais envolvidas na formação, uma tarefa exploratório-investigativa para que os alunos dos Anos Iniciais pudessem mobilizar raciocínios matemáticos e gerar discussões/reflexões/tomada de decisão sobre o tema-alvo da aprendizagem constituída na interação entre eles no momento da aula.

Propusemos, então, a tarefa às professoras em formação continuada, a fim de analisar os aspectos constitutivos de uma atividade que integra a avaliação ao ensino e à aprendizagem por meio de uma prática de sala de aula. Participaram 5 professoras que estavam em atuação em turmas do 1° ao 5° ano do Ensino Fundamental, e ainda, uma professora mestranda do Programa de Mestrado Profissional em Docência em Ensino de Ciências e Matemática (PPGDOC-UFPA) e duas discentes do Curso de Licenciatura Integrada em Ciências, Matemática e Linguagens (LICML-UFPA).

A tarefa proposta adveio do material de pesquisa do projeto e pertencia ao conjunto de tarefas usadas durante a formação continuada das professoras dos Anos Iniciais, vinculadas às escolas dos Municípios do Vale do Taquari-RS e Belém-PA, conjunto esse com elaboração liderada ora pelo grupo de professoras-formadoras, ora pelas professoras que atuavam nos Anos Iniciais e também colaboradoras nessa pesquisa. Nesse conjunto de tarefas, a álgebra e a geometria (e as possíveis relações entre elas) conformaram os assuntos enfocados e impulsionaram investimentos em estudos e discussões, pois "[...] a Geometria quase sempre é apresentada na última parte do livro, aumentando a probabilidade de ela não vir a ser estudada por falta de tempo letivo" (BARBOSA, 2008, p. 4), o que foi confirmado pelas professoras que ensinavam nos Anos Iniciais e que fizeram parte da formação desencadeada pelo referido projeto de pesquisa.

Não obstante, a álgebra tem ganhado destaque em pesquisas que indicam relevância e pertinência para o ensino nos Anos Iniciais (WARREN, 2009; LUNA; SOUZA, 2013; FERREIRA; RIBEIRO; RIBEIRO, 2016), sendo retratada como potencial em nível da exploração nos primeiros anos de escolarização, no que diz respeito ao pensamento algébrico associado ao estudo com padrões, bem como atualmente é referenciada como Unidade Temática na

Base Nacional Curricular Comum para o Ensino Fundamental desde os Anos Iniciais (BRASIL, 2017). No entanto, as professoras-colaboradoras, na ocasião da pesquisa, demonstraram pouca clareza sobre o trabalho dessa temática para os Anos Iniciais.

Temos como objetivo neste capítulo explicitar uma prática formativa desenvolvida com professoras que ensinam matemática a fim de analisar os aspectos constitutivos de uma tarefa investigativa-exploratória e suas potencialidades para avaliação em contexto de aula, integrada ao ensino e à aprendizagem relacionados à matemática nos Anos Iniciais, considerando a perspectiva das professoras em formação continuada e a compreensão de que geometria e álgebra podem ser encontradas em tarefas de ensino-aprendizagem-avaliação a partir da exploração-investigação de padrões geométricos desde os primeiros anos de escolarização.

Ensino-Aprendizagem-Avaliação por meio de tarefas exploratório-investigativas

O ensino pautado pelo modelo, quase que exclusivo, da exposição dos assuntos pelo professor/a seguido de exemplo e exercícios, embora já bastante questionado pela comunidade científica dedicada à Educação Matemática, ainda é bastante presente no cotidiano das salas de aula da Educação Básica. No entanto, estratégias de ensino que oportunizem aos estudantes ambiência exploratório-investigativa, possibilitando a criação de táticas de enfrentamento de problemas, que têm por objetivo aprendizagens de assuntos do currículo escolar, por vezes, não são efetivamente conhecidas/reconhecidas por professores/as que ensinam matemática. A formação docente pode ser um meio de viabilizar conhecimentos, e, também, de promover a construção e as discussões a partir e por meio de práticas de professores.

Quando mencionamos sobre uma ambiência exploratório-investigativa, queremos dar ênfase às tarefas proponentes de conteúdo de matemática à serviço do ensino-aprendizagem-avaliação de modo integrado e que se caracterizem pela oportunidade que oferecem aos estudantes para expor descobertas aos seus colegas e ao professor, usando de processo investigativo durante o desenvolvimento das mesmas (MESCOUTO; BARBOSA; LUCENA, 2021). Com base em Ponte (2010), é possível afirmar que distinguir as tarefas de investigação e de exploração seja um tanto difícil e, portanto, ficamos mais à vontade em usar o termo de forma interligada.

Importa frisar que as tarefas de cunho exploratório-investigativas devem promover diversidade de uso de estratégias para resolução de problemas para consequente aprendizagem matemática. Com relação ao uso de estratégias, Furlanetto (2013) descreve aquelas utilizadas por estudantes antes e após o desenvolvimento de uma prática pedagógica. Segundo a autora, antes da intervenção, os alunos primavam pelo pleno uso do cálculo formal para resolver problemas e os resultados mostravam baixos índices de acertos.

No entanto, após a realização da prática, explorando tarefas exploratório-investigativas em que vários tipos de estratégias foram utilizados, os estudantes tiveram outras aprendizagens, pois passaram a usar

> [...] grande variedade de experiências tais como: tentativa e erro, desenho, tabelas, trabalho em sentido inverso, redução de unidades, organização de padrões e eliminação, algumas delas sequer pensadas por nós professores, evidenciando, assim, o estímulo à criatividade e à autonomia, proporcionado por esta forma de trabalho (2013, p.114).

Resultados semelhantes foram encontrados por Magina *et. al.* (2010) num estudo realizado com estudantes dos Anos Iniciais na Bahia. Instigados a resolver questões envolvendo cálculos de adição e subtração, poucos registros de estratégias foram observados. Alguns colocaram apenas a resposta e outros registraram passos seguidos no processo de solução. Os autores comentaram que foram feitos poucos registros icônicos, concluindo que "este fato pode ser sinal de que o professor não incentiva outras formas de registros, que são comumente utilizados por crianças pequenas ao resolverem problemas matemáticos, ou, ainda, que os mesmos utilizaram o recurso cálculo mental" (MAGINA *et. al.*, 2010). Uma forma de promover oportunidades para que os alunos expressem diferentes estratégias para resolverem problemas de matemática pode ser via tarefas exploratório-investigativas como meios de ensinar e avaliar a aprendizagem.

Os resultados da pesquisa de doutoramento de Barbosa (2019) realizada em uma sala de aula do ensino básico em Portugal, sobre a aprendizagem de álgebra por meio de tarefas neste nível de escolarização, destacaram que um ensino centrado em tarefas e de caráter exploratório, o qual considera que as articulações com a aprendizagem e a avaliação é o modelo que mais se adequa ao desenvolvimento do pensamento algébrico.

Em Mescouto, Lucena e Barbosa (2021), baseados nos resultados de pesquisa de Mescouto (2019), é possível destacar que

> As tarefas do tipo exploratório-investigativa mostraram-se propícias para serem trabalhadas nos Anos Iniciais, principalmente por impulsionar o espírito investigativo dos estudantes, tão necessário para a aprendizagem da Matemática, desde sua origem até os dias atuais. Além disso, a inclusão desse tipo de atividade na turma apontou um caminho para a construção sólida do verdadeiro sentido da disciplina, ou seja, mostrou aos estudantes que a Matemática é uma construção humana, fruto de investigações, tentativas, erros e acertos. E, assim, contribuiu para que o sentido dessa ciência, em particular nos conteúdos algébricos, estivesse além dos números e operações. Além disso, o fato de as tarefas serem do tipo abertas, sem uma única resposta, também contribuiu para o desenvolvimento do pensamento algébrico dos estudantes, uma vez que estes se sentiram livres para explorar e justificar de acordo com seu entendimento, sem o receio de errar.

Por meio de pesquisas (MAGINA *et al.*, 2010; BARBOSA, 2019; MESCOUTO; LUCENA; BARBOSA, 2021), compreendemos a importância da diversidade de raciocínios elaborada pelos alunos como fonte de discussão e aprendizagem matemática, em que estudantes e professores envolvem-se e desenvolvem aprendizagem-ensino articulada à avaliação do que fazem e do que é possível melhorar.

Assim, proporcionar tarefas exploratório-investigativas como meio de condução das aulas de matemática é um caminho dentro da perspectiva de que ensinar e aprender estão integrados à avaliação, pois se caracterizam pela possibilidade desafiadora, pelo estímulo que fornecem aos alunos para justificar respostas e raciocínios, para argumentações com uso de conhecimentos matemáticos, de forma diversificada, provocando comunicações e desafios, atitudes investigativas entre professores e alunos (OLIVEIRA; SEGURADO; PONTE, 1998).

Mas a tarefa por si, embora sendo de grande relevância, dependerá fortemente da condução que o professor/a irá lhe conferir, desde o planejamento até o seu desenvolvimento na prática. Compreendemos, tal como Oliveira, Segurado e Ponte (1998), que

> O professor tem um papel fundamental na planificação e condução de actividades de investigação na sala de aula. A seleção ou criação das propostas e o estabelecimento de objectivos para a sua realização relacionam-se com a especificidade da turma e com o contexto em que surgem na aula. Nem os objectivos nem as tarefas podem ser completamente definidos, de antemão, pelos autores de programas. O professor afigura-se-nos, deste modo, como "fazedor de currículo": delineando objectivos, metodologias e estratégias, reformulando-os em função da sua reflexão sobre a prática e actuando com grande autonomia. (p.3).

Assim, identificamos que tarefas exploratório-investigativas são potenciais não somente para os processos de ensino-aprendizagem, mas, também, como elementos intrínsecos à avaliação da aprendizagem e do ensino realizados. A avaliação deve estar comprometida com a melhoria das aprendizagens, deve estar presente no acompanhamento cotidiano dos estudantes, apoiada em tarefas potenciais para discussões entre pares, para a expressão de ideias matemáticas, e ser permeada por *feedback* que ajude os alunos a entender o que são capazes de fazer, o que, e como melhorar, bem como permitir autoavaliações, coavaliações e avaliação do próprio ensino posto. Um tipo de avaliação formativa, como bem sugere Fernandes (2008).

Lucena, Borralho e Dias (2018), em pesquisa realizada nos Anos Inicias no Brasil e em Portugal (2014-2016), sobre práticas letivas de professores que ensinam matemática, em que as dinâmicas de ensino, aprendizagem e avaliação foram analisadas, concluem que os professores reconhecem a necessidade de mudanças em suas práticas, ponderando que há de se considerar a efetividade de uma avaliação para a aprendizagem e não somente da aprendizagem, embora também destaquem a necessidade de formação apropriada para tal, pois

> Pensar uma avaliação que concorra para a aprendizagem sugere um ensino problematizador e dinâmico. A organização do ensino parece ser um aspecto fundamental para que dimensões como a participação dos alunos e a natureza e modalidades da avaliação sejam mobilizadas no sentido de favorecer *feedback* qualitativo para todos os envolvidos no processo. Potencializar a organização das tarefas é essencial para articular o ensino, a aprendizagem e a avaliação. (LUCENA; BORRALHO; DIAS, 2018, p. 271).

A seguir, explicitaremos uma prática desenvolvida com professoras que ensinam matemática, a fim de analisar os aspectos potenciais de uma tarefa exploratório-investigativa, para a integração ensino-aprendizagem-avaliação, em contexto de aula nos Anos Iniciais.

Uma experiência formativa por meio de estudos conjuntos

Iniciamos as atividades de formação em janeiro de 2018. Os encontros presenciais de formação ocorreram uma vez ao mês e os estudos a distância iniciaram-se em maio do corrente ano. Nos primeiros encontros presenciais, discutimos e orientamos acerca da necessidade e das especificidades do trabalho com a álgebra e com a geometria nos anos iniciais. Trabalhamos com tarefas de ensino-aprendizagem, como apoio para discussão sobre os assuntos de matemática (geometria e álgebra) a serem trabalhados com os alunos dos Anos Iniciais e sobre aspectos de interesse das professoras para suas práticas de ensino, tais como: aspectos didático-pedagógico, linguagem, comunicação e avaliação da matemática, tarefas sugeridas por livro didático e por provas externas, dentre outros.

Nos encontros presenciais, as resoluções de tarefas apresentadas foram fotografadas, e, no decorrer da atividade, as interações foram observadas e acompanhadas de anotações feitas *in loco*. As interlocuções ocorridas foram registradas com fins de descrever aspectos relativos a manifestações das professoras frente às atividades postas (perguntas, interpretações, comunicação entre pares, comentários, registros escritos e pictográficos, dentre outros possíveis) para posterior análise frente aos objetivos da pesquisa.

Neste momento fomos apoiadas pela equipe parceira de formadoras da UNIVATES-RS e dos discentes do Curso de Mestrado do PPGDOC e da

Licenciatura Integrada em Ciências, Matemática e Linguagens, ambos da UFPA.

Para este capítulo trazemos a discussão relativa a um dos encontros presenciais. A atividade consistiu em propor uma tarefa de cunho investigativo-exploratória[16], descrita em uma folha de papel e apoiada por objetos a serem usados, como as "tampinhas" mencionadas na tarefa.

No dia do encontro, informamos que seria distribuída uma tarefa de caráter exploratório-investigativa para que, a partir da vivência de uma prática na resolução desta tarefa, seguidamente, pudéssemos analisar tal experiência, considerando os aspectos da formação iniciados em encontros anteriores: geometria e álgebra nos anos Iniciais, tarefas exploratório-investigativas e ensino-aprendizagem integrados aos processos de avaliação.

A tarefa sugerida foi a seguinte:

ATIVIDADE: SEQUÊNCIA DE TAMPINHAS

Observar a sequência das tampinhas a seguir:

Utilizar o material disponibilizado para representar essas figuras.

Representar com as tampinhas a terceira figura, observando um padrão de sequência.

1. Quantas tampinhas foram utilizadas nessa terceira figura? Como você pensou?
2. Representar com as tampinhas a quarta figura, utilizando o mesmo padrão de sequência anterior.
3. Quantas tampinhas foram utilizadas nessa quarta figura? Como você pensou?]

Completar a tabela relacionando o número de tampinhas utilizadas em cada construção com o número de figuras:

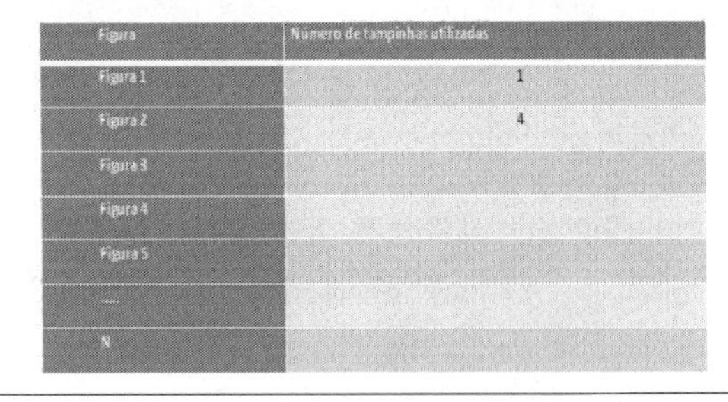

Figura	Número de tampinhas utilizadas
Figura 1	1
Figura 2	4
Figura 3	
Figura 4	
Figura 5	
.....	
N	

Fonte: Acervo do projeto.

16 Entende-se postura investigativo-exploratória quando a atividade possibilita a criação de estratégias de enfrentamento de problemas que têm por objetivo aprendizagens de assuntos do âmbito escolar.

Após terem feito proposições de solução, solicitávamos que as explicassem, dando detalhamento do padrão que tinham encontrado na solução. Ao final da formação, solicitamos que refletissem e respondessem a alguns questionamentos: "como foi a atividade? Vocês já fizeram algo similar com os alunos? Os livros apresentam propostas semelhantes? Vocês teriam dificuldade de orientar essa atividade? Vocês conseguiram perceber aspectos relacionados à álgebra e à geometria?". Em relação ao questionamento "como foi a atividade?", as professoras foram unânimes em afirmar que "foi difícil". Também houve unanimidade quanto à não implementação de atividades desse tipo de tarefa na sala de aula.

No que se referiu à perspectiva investigativo-exploratória, foi indagado se as professoras teriam dificuldade em orientar a atividade e elas responderam que o tipo de atividade usado demandava um atendimento mais individualizado e, portanto, teriam dificuldades sim no encaminhamento por conta da quantidade de alunos por turma (cerca de 30 alunos/turma/professora).

Sobre a dinâmica no encaminhamento da atividade, observamos durante a experiência que as professoras por vezes pareciam querer desistir por não se satisfazerem com a solução que encontravam diante dos questionamentos feitos aos seus raciocínios. Uma professora afirmou: "foi estimulado para que a gente não parasse".

Durante a atividade, percebemos várias tentativas e erros na realização da tarefa e produzimos *feedback* qualitativos para que as professoras fossem capazes de rever suas respostas, discutir com as colegas, fazer questionamentos entre elas, buscar autonomia nos raciocínios e manter coerência entre o que respondiam e os questionamentos da tarefa. Ao final da atividade, perguntamos se as professoras perceberam os *feedback* como indicativos de que precisavam melhorar as respostas e, as professoras, mais uma vez, foram unânimes em dizer que sim.

Na sequência acrescentamos: "nós dissemos a vocês que estavam erradas?". Todas responderam: "não". A partir desse momento, conversamos sobre a proposição de tarefas que congregam ensino-aprendizagem-avaliação. Explicitamos a relevância de *feedback* qualificados que ajudem os alunos a refletirem a partir de suas propostas de resolução e para que tenham condições de reelaborá-las. Para encerrar o encontro, acrescentamos o questionamento: "quais foram as aprendizagens? As professoras responderam: "insistência.

Entender que podem ter possibilidades", "a dificuldade maior foi a interpretação", e uma delas acrescentou: "pelo menos o meu aqui, eu tive que rever", "eu acredito que em outros exercícios, você vai criando outras habilidades".

Quanto aos aspectos pertinentes ao conteúdo matemático presente na tarefa, as professoras mencionaram que nessa atividade teriam que exceder a forma como vinham trabalhando geometria (centrada em nomenclatura e caracterização de figuras geométricas) e aprofundar estudos sobre como estimular o pensamento algébrico a partir do ensino por tarefas. Também consideraram possibilidades de autoavaliação e heteroavaliação (avaliação entre pares) a partir das intervenções feitas por nós no decorrer das ações e pela possibilidade de realizar as atividades em grupo.

Considerações Finais

A experiência aqui relatada é parte da pesquisa "Ensino-aprendizagem-avaliação em Matemática nos Anos Iniciais do Ensino Fundamental: atividades exploratório–investigativas e formação docente", que esteve vigente até 2020. A oportunidade formativa deste projeto de pesquisa possibilitou-nos uma interlocução reflexiva com professoras dos Anos Iniciais do Ensino Fundamental sobre a relação ensino-aprendizagem-avaliação por meio de tarefas exploratório-investigativas para o ensino de matemática.

Relatamos aqui um momento formativo focado em uma tarefa onde as professoras manifestaram suas perspectivas diante da experiência de aprender matemática, como se fossem seus alunos, por meio de uma tarefa com o objetivo de impulsionar o pensamento algébrico e tecer discussões a partir das estratégias de raciocínios geradas entre pares.

Ao analisar as manifestações das professoras nesta experiência, nos é possível afirmar que as tarefas exploratório-investigativas se mostraram interessantes para serem usadas em sala de aula como prática de ensinar e avaliar a matemática a ser aprendida, no entanto, ao vislumbrar esta prática com seus próprios alunos, as professoras indicaram dificuldades tanto pela inexperiência com esse tipo de trabalho quanto com aspectos externos à preparação docente, tal como a condução da aula com um número de alunos considerado alto (trinta alunos) para o desenvolvimento deste tipo de atividade.

No aspecto formativo, as professoras reconheceram, na prática, como o erro se torna etapa de aprendizagem e como o tratamento dele deve ser conduzido para que de fato a função formativa se cumpra. Mencionaram sobre o estímulo à persistência para continuar na tarefa até alcançar um resultado satisfatório e a relevância dos *feedback* positivos, que orientavam o raciocínio e as dúvidas respeitando o tempo de aprendizagem, possibilitando observâncias por parte do grupo e, assim, gerando autoavaliações e heteroavaliações dentro do contexto da própria atividade.

Mesmo percebendo que as tarefas exploratório-investigativas ainda não são correntes nas práticas letivas das professoras é possível afirmar que, a partir da formação, há reconhecimento das potencialidades desse tipo de tarefa para geração de discussões/reflexões/ações provedoras de aprendizagem matemática, constituídas na interação entre alunos durante a execução de tarefas.

Dessa feita, mesmo reconhecendo como uma atividade difícil para suas práticas letivas daquele momento, as professoras manifestaram compreensão de que as tarefas podem ser usadas para o ensinar matemática e para a avaliação (seja das aprendizagens, seja do ensino), considerando as vivências que tiveram e a oportunidade de problematização durante essa experiência de formação continuada.

Referências

BARBOSA, E. Práticas de um professor, participação dos alunos e pensamento algébrico numa turma de 7º ano de escolaridade. 2019. 312f. **Tese** (Doutorado em Ciências da Educação) —Instituto de Investigação e Formação Avançada. Universidade de Évora, Évora.

BARBOSA. P. M. O estudo da geometria. **Revista Brasileira de Cartografia**, n. 3, 2008.

BRASIL. Ministério da Educação. Secretaria da Educação Básica. **Base nacional comum curricular**. Brasília, DF, 2016. Disponível em: http://portal.mec.gov.br/index.php?option=com_docman&view=download&alias=79601-anexo-texto-bncc-reexportado-pdf-2&category_slug=dezembro-2017-pdf&Itemid=30192. Acesso em: jun. 2018.

FERNANDES, Domingos. **Avaliar para aprender**: fundamentos, práticas e políticas. São Paulo: Unesp, 2008.

FERREIRA, M.; RIBEIRO, A.; RIBEIRO, C. Álgebra nos anos iniciais do ensino fundamental: primeiras reflexões à luz de uma revisão de literatura. *In*: **Educação e Fronteiras On-Line**, Dourados/MS, v. 6, n. 17 p. 34-47, maio/ago. 2016.

FURLANETTO, Virgínia. **Explorando estratégias diferenciadas na resolução de problemas matemáticos**. 2013. Dissertação (mestrado), Mestrado em Ensino de Ciências Exatas, Centro Universitário UNIVATES, Lajeado, 2013.

LUCENA, I.; BORRALHO, A.; DIAS, J. Práticas letivas de sala de aula de matemática nos anos iniciais. **Estudos em Avaliação Educacional**, v. 29, n. 70, p. 254-274, 2018.

LUNA, A. V. de A. e SOUZA, C. C. C. F. Discussões sobre o ensino de Álgebra nos Anos Iniciais do Ensino Fundamental. **Revista Educação Matemática Pesquisa**, v. 15, n. 4, 2013.

MAGINA, Sandra M. P et al. As estratégias de resolução de problemas das estruturas aditivas nas quatro primeiras séries do ensino Fundamental. **Zetetiké**, Campinas, v. 18, n. 34, p. 15-49, jul./dez. 2010.

MESCOUTO, J.; LUCENA, I.; BARBOSA, E. Tarefas exploratório-investigativas de ensino-aprendizagem-avaliação para o desenvolvimento do pensamento algébrico. **Educação Matemática Debate**, v. 5, n. 11, p. 1-22, 2021.

OLIVEIRA, He. M., SEGURADO, M. I., PONTE, J. P. Tarefas de Investigação em Matemática: Histórias da Sala de Aula. **Actas do VI Encontro de Investigação em Educação Matemática**, Portalegre: SPCE-SEM, p.107-125,1998.

PONTE, J. P. Explorar e investigar em Matemática: uma actividadefundamental no ensino e na aprendizagem. *Revista Iberoamericana de Educación Matemática*, v. 6, n. 21, p. 13-30, mar. 2010.

WARREN, E. Patterns ande relationships in the elementar classroom. In: VALE I.; BARBOSA, A. *Patterns*: multiple perspectives and contexts in Mathematical Education. Portugal: Escola Superior de Educação do Instituto Politécnico de Viana do Castelo-Projecto Padrões/FCT, p. 29-47, 2009.

O Ensino de Matemática em Tempos de Pandemia: Reflexões de profesores em Caburi-AM

Gabriel da Silva Melo
Lucélida de Fátima Maia da Costa

Introdução

Neste capítulo apresentamos resultados de uma pesquisa desenvolvida na localidade Agrovila São Sebastião do Caburi, mais conhecida apenas como Caburi. Localizada na Microrregião do município de Parintins, no estado do Amazonas (AM), Brasil, cujas coordenadas de satélite são: latitude 2°38'15"S e longitude 56°43'46"W.

Este trabalho contribui para a reflexão acerca das dificuldades que os professores vivenciaram durante a pandemia de covid-19 em relação ao ensino da matemática. Nesse período, 2020 a 2021, surgiram muitos desafios na educação e os professores tiveram que se adaptar e reinventar sua prática diante das situações ocasionadas pelas restrições impostas ao convívio social que afetaram diretamente o ambiente escolar.

Devido ao surgimento do novo coronavírus, a Organização Mundial de Saúde (OMS) e os governos locais tomaram atitudes de precaução para que a população não intensificasse ainda mais a transmissão do vírus. Decorrente das medidas propostas pela OMS, para conter a proliferação do vírus, as escolas foram fechadas, o distanciamento social foi a principal medida para conter o contágio.

Nesse cenário, a principal solução encontrada para amenizar as barreiras impelidas à educação escolar foram as aulas remotas, tendo a tecnologia como principal aliada nessa circunstância. Assim, os professores e os alunos tiveram que se adaptar a esse meio de ensino, que não era novo, mas era desconhecido pela maioria dos professores que trabalhavam no interior do estado do

Amazonas. Começou a se desenhar um cenário de trabalho que os professores não estavam preparados para vivenciar.

Destacamos que nosso interesse pelo tema da pesquisa surgiu a partir das observações das aulas remotas dos sobrinhos do primeiro autor, da análise de como estavam ocorrendo as aulas e repassadas as informações e conteúdos nas aulas de matemática para os alunos, haja visto que seus sobrinhos tiveram grandes dificuldades para responder as atividades, apresentando inclusive regressos na aprendizagem da matemática como demais áreas do conhecimento.

A problemática deste trabalho parte do seguinte questionamento: na perspectiva dos professores de matemática dos anos finais do Ensino Fundamental, quais os impactos que a pandemia ocasionou ao processo de ensino-aprendizagem da matemática em Caburi-AM? Na busca de respostas para tal problema central, elaboramos o objetivo geral da pesquisa que é compreender na perspectiva dos professores de matemática dos anos finais do Ensino Fundamental os impactos que a pandemia ocasionou ao processo de ensino-aprendizagem da matemática em Caburi-AM.

A partir do objetivo geral, definimos os objetivos específicos que são: conhecer as principais dificuldades que o professor de matemática enfrentou para realizar o ensino de matemática no período de 2020 a 2021, mediante a crise pandêmica; analisar, na perspectiva dos professores, os impactos que a pandemia trouxe para a rotina do professor e para os alunos de matemática no Caburi-AM; verificar como as aulas de matemática, nos anos finais do ensino fundamental, forma desenvolvidas durante a pandemia 2020 a 2021.

A pesquisa caracteriza-se como uma pesquisa qualitativa, pois, se interessou em conhecer aspectos de uma realidade em sua complexidade, sua dinâmica e as relações estabelecidas pelos sujeitos (COSTA; SOUZA; LUCENA, 2015). A pesquisa foi de cunho exploratório onde houve uma aproximação da realidade do objeto em estudo, com base nas informações para obtenção dos dados coletados a respeito do tema (PRODANOV; FREITAS, 2013).

Os sujeitos que aceitaram participar da pesquisa são três professores de matemática, sendo um professor da rede estadual e dois professores da rede municipal. Os sujeitos da pesquisa serão identificados ao longo do texto como sujeitos A, B e C. O sujeito A é professor da rede estadual e os sujeitos B e C, professores atuantes na rede municipal. Os dados foram construídos por meio de entrevistas semiestruturadas de acordo com a indicação de Gil (2008).

Para analisar as informações obtidas, inicialmente, transcrevemos as entrevistas e, posteriormente, organizamos as informações obedecendo uma ordem de semelhança com base nas respostas dos questionamentos a respeito de como foi desenvolvido o ensino de matemática em tempos de pandemia em uma localidade da zona rural do município de Parintins-AM. Os resultados obtidos são apresentados em duas seções a seguir.

Reflexão de professores sobre as dificuldades e os impactos

A pesquisa reflete qualitativamente o cenário pandêmico ao qual os professores e alunos vivenciaram durante o distanciamento social, reflete sobre a substituição das aulas presenciais ocorridas no período pandêmico, os métodos que foram utilizados no ensino da matemática, destaca as dificuldades enfrentadas pelos professores e alunos dos anos finais do ensino fundamental nas escolas municipais e estaduais na comunidade da Agrovila do Caburi, interior do Município de Parintins, estado do Amazonas, Brasil, onde a realidade ainda é pior em relação ao uso da telefonia móvel e internet de qualidade.

Durante a pandemia da covid-19, as aulas presenciais foram suspensas por alguns meses e após algum tempo retornaram através do modelo remoto. Mas como repassar os conteúdos para os alunos que não tinham condições financeiramente para a utilização do telefone, do computador, e não há na comunidade um ambiente onde possam acessar os conteúdos e as aulas? Logo, um dos principais desafios enfrentados foi a situação da rede de internet não disponível para todos e telefonia móvel que nem todos os alunos tinham condições de ter um aparelho de celular.

No desenvolvimento da pesquisa, procuramos conhecer como os professores enfrentaram essa situação desafiadora para continuar ministrando suas aulas. Para tanto, durante a entrevista questionamos: "Como as aulas de matemática, nos anos finais do ensino fundamental, foram desenvolvidas durante o período de pandemia (2021-2021) em Caburi-AM?"

> *Primeiramente o ensino foi uma surpresa para nós professores não acostumados a trabalhar com a mídia, de forma que trabalhar com ela*

> *é muito complicada. Nós tivemos muita dificuldade porque nem todos os alunos tiveram acesso à Internet e às ferramentas que nós estávamos trabalhando. Ficou difícil, muito mesmo, para fazer esse trabalho. A dificuldade maior foi que nem todos os alunos tinham em sua casa a Internet e o recurso para que pudessem acompanhar o ensino que estava sendo transmitido. No ensino híbrido já deu uma melhorada porque já eram turmas que vinham em um horário, e as outras vinham em outro. Quando foi presencial tinha uma dificuldade muito grande porque os alunos não estavam acompanhando no grupo e tiveram que pegar pela metade do caminho.* (Sujeito A).

As dificuldades que os professores enfrentaram foram muitas, pois ao adentrar nessa nova realidade de ensino, os professores sentiram impactos por ainda não terem experimentado tal situação e por terem de se adequar rapidamente a esse novo modelo, ao qual não se sabia ao certo se traria benefícios para os alunos. No entanto, foi a única maneira encontrada de ainda estar em contato com os alunos durante o distanciamento social. Diante disso, enfatiza o sujeito B as principais dificuldades que enfrentou: *explicar os assuntos de forma remota; a falta de participação e interesse dos alunos; dificuldades na comunicação com alunos que moram em outras comunidades.* Destacamos que essas dificuldades não foram exclusivas dos professores de Caburi-AM e são representativas de muitas outras realidades vividas por professores de matemática em outras regiões do Brasil, como mostrado na pesquisa de Santos, Rosa e Souza (2021), realizada com 32 professores dos estados de Alagoas, Bahia, Santa Catarina e Sergipe:

> Para os professores de matemática participantes deste estudo, essas dificuldades concentram-se em três principais aspectos, a saber: o desafio de ensinar matemática com a pouca interação entre aluno e professor, inviabilizando acompanhar a aprendizagem do aluno; o planejamento e o desenvolvimento das atividades remotas com a integração das TDIC ao processo de ensino de matemática e a falta de acessibilidade dos alunos ocasionada pela ausência de conexão com a *internet* e/ou pela indisponibilidade de aparelhos informáticos como computadores e/ou *smartphones* (SANTOS; ROSA; SOUZA, 2021, p. 767).

Consideramos que a realidade dos alunos da zona rural apresenta mais dificuldades até mesmo durante o ensino presencial, pois ao refletirmos sobre a realidade do ensino da matemática na sede do município e nas comunidades, no interior, é visível que, em alguns casos, o interesse pela educação escolar é menor que a dos alunos da cidade, há maior dificuldade de acesso à informação, distorção de idade-séries, professores com formação em outras áreas ensinando matemática, falta de estrutura para o uso de tecnologias digitais, em algumas não há nem energia elétrica (BRANDÃO, 2018).

Certamente, segundo Scuisato (2016, p. 20), "a inserção de novas tecnologias nas escolas está fazendo surgir novas formas de ensino e aprendizagem, estamos todos reaprendendo a conhecer, a comunicar-nos a ensinar e a aprender, a integrar o humano e o tecnológico". Não podemos deixar de conviver com as tecnologias, faz parte do nosso meio social, por isso, cabe à comunidade escolar retirar proveito das novas tecnologias afim de nos trazer grandes benefícios para a sociedade, mas para isso é necessário haver condições estruturais na escola e os professores possuírem formação adequada. Isto porque a tecnologia tornou-se tão presente na vida do ser humano que não é possível a escola ficar alheia a tudo isso. No período mais crítico da pandemia, pudemos refletir sobre esse aspecto de educação para entendermos as finalidades, suas ferramentas e o modo como as aulas foram desenvolvidas em comunidades e escolas sem as condições ideais.

O sujeito A frisou que na rede de ensino estadual, durante a pandemia, as aulas foram desenvolvidas [...] *de forma hibrida e depois, de forma online através de algumas ferramentas de mídias e depois hibridas novamente e no final do ano presencial.* Já na rede municipal, segundo o sujeito B: *[...] desenvolveu-se de três formas, remota; pelas ondas do rádio; e presencial 100%.*

As aulas ministradas via rádio, pelo programa nas ondas do rádio, adotadas pelo município de Parintins, para tentar atender os alunos de comunidades rurais e ribeirinhas, recuperou um modelo de ensino utilizado nas décadas de 1950 e 1960 (RAMOS, 2018). Embora suprisse a necessidade imediata, deixava muitas lacunas abertas.

Não podemos julgar qual seria o modelo certo e qual seria o errado, o importante foi fazer com que os alunos não ficassem sem os conteúdos, evitar que ficassem estagnados. Porém é importante lembrarmos que foi necessário também força de vontade e interesse dos alunos e da família para que eles pudessem adquirir os conhecimentos diante de todas as dificuldades que surgiram e o agravamento de outras durante a pandemia.

Refletindo sobre o impacto que a pandemia causou no processo-ensino aprendizagem, nos professores e nos alunos durante o período de afastamento social, principalmente para a disciplina de matemática, e considerando que ela exige muito comprometimento, muita atenção por parte dos alunos para conseguir adquirir os conhecimentos e a assimilar a explicação do conteúdo, percebemos o quanto é importante a figura do professor presencialmente para o desenvolvimento das aulas de matemática. Nessa direção, questionamos: Como foram organizadas e desenvolvidas as aulas de matemática?

> *No primeiro momento de forma remota era organizada pela nossa proposta pedagógica, trabalhando as aulas com aulas em casa também com o apoio e refazendo as atividades através das mídias para que os alunos pudessem interagir, respondendo e enviando imagens, vídeos gravados para que pudessem responder suas atividades para que fossem devolvidos para serem avaliados* (Sujeito A).

Os sujeitos B e C enfatizaram sua explicação a respeito do questionamento sobre a organização das aulas destacando que *Foram desenvolvidas através de aulas pelas ondas do rádio, atividades remotas e pelo Whatsapp para os alunos que puderam e tinham esse acesso.* (Sujeito C). O sujeito B destaca:

> *Através de apostilas com os conteúdos e atividades; pelas ondas do rádio; distribuição de apostilas e atividades propostas pela SEMED; presencial exposição de conteúdos 100% aulas expositivas mantendo o distanciamento seguindo as orientações da OMS.*

Percebemos na fala dos professores que o ensino escolar sofreu modificações no período crítico da pandemia e, provavelmente, não voltará a ser igual como era visto antes, uma vez que o ensino remoto abriu novas portas para se ensinar e aprender, trouxe novas metodologias de ensino e recuperou outras não tão novas assim como o rádio e materiais impressos, com atividades semanais a distância.

Para Leal (2020), o ensino remoto, no contexto atual, é uma estratégia educacional tendo a tecnologia como aliada como forma de garantir continuidade do ano letivo. Dessa forma, diante da circunstância pandêmica, o ensino remoto inter-relaciona educação e tecnologias digitais, e estas constituem-se instrumentos pedagógicos estratégicos no processo de ensino-aprendizagem.

Aulas de matemática durante a pandemia

Durante o período crítico da pandemia, fomos levados a modos de vida, incluindo-se aí a escola, diferentes modos que não tínhamos total controle da situação. No contexto escolar, tivemos que recorrer a artifícios, métodos e recursos novos para podermos dar continuidade ao ensino. Tal realidade implicou mudanças no contexto do ensino da matemática, pois exigiu transformações que implicaram nas dificuldades que o professor teve para trabalhar os conteúdos de forma online.

Diante dessa realidade, questionamos aos sujeitos da pesquisa: Quais os conteúdos tiveram mais dificuldades para ensinar/explicar para os alunos? Quais foram suas dificuldades, e como solucionaram? Os sujeitos da pesquisa elencaram informações relevantes sobre este questionamento. Em seu relato, o sujeito A frisou que

> *O conteúdo que foram de mais dificuldades em trabalhar foram os números inteiros, representado no 8°ano, haja visto que os mesmos no ano de 2020 não tiveram acesso a esses conteúdos e foi tão complicado explicar e transmitir as regras, foi uma dificuldade muito grande para eles, tanto remoto quanto como o presencial. Para ter mais sucesso e aprendizado para os alunos tive que organizar o plano de aula desviando um pouco da proposta de 8° ano e voltar aos conteúdos do 7° ano, buscando a base dos números inteiros para que eles pudessem entender e ter o conhecimento das regras, então foi uma dificuldade muito grande enfrentada com os alunos do 8° ano das séries finais do ensino fundamental* (Sujeito A).

A fala do sujeito A evidencia possíveis lacunas que ficarão na educação e dá um indicativo das dificuldades enfrentadas pelos professores tanto na rede municipal como na rede estadual. É importante frisar que na fala do sujeito A, percebemos suas dificuldades, mas em nenhum momento da sua fala relata como solucionou o problema.

Os sujeitos B e C destacaram:

> *Praticamente todos os conteúdos e todas as dificuldades possíveis. Esperamos corrigir com as aulas presenciais desde o ano letivo para alunos que virão do 8° ano, pois os alunos de 9° ano irão para o ensino médio com os conteúdos repassados de forma fragmentada* (Sujeito B).

> *Conteúdos que envolvem operações, pois quando não conseguiam fazer, na maioria das vezes moram distantes e sem comunicação, não tinham como tirar dúvida. Na maioria das vezes a solução era no dia que o aluno entregava seu material e tirava suas dúvidas. Outros que podiam fazer uso da tecnologia da comunicação podiam ser solucionadas através do WhatsApp* (Sujeito C).

Diante dos relatos dos professores sobre os maiores desafios no tocante aos conteúdos que tiveram maiores dificuldades, não percebemos soluções para que os alunos pudessem superar os obstáculos causados a sua aprendizagem. Com base nos relatos, podemos verificar como foram as aulas durante a pandemia, como o recebimento dos conteúdos foram transmitidos para os alunos e percebemos que as aulas e os conteúdos foram de maneira fragmentada, o que pode ocasionar o agravamento das lacunas já existentes no que tange à matemática, que necessita da presença do professor para que o aluno pergunte e tente esclarecer suas dúvidas.

A partir de todo processo houve muitos desafios e o maior deles não foi a reinvenção dos professores na transmissão do conteúdo, mas os recursos tecnológicos que foram utilizados nas aulas durante a pandemia. Assim, questionamos: quais os recursos utilizados nas aulas durante a pandemia, e como os alunos receberam as informações?

> *Os recursos mais usados foi gravando vídeos, baixados também no You tube e das plataformas que o governo nos proporcionou e da aula em casa enviando para que eles pudessem estudar as cartelas e transmitindo as explicações e as atividades e foram recebendo de forma não muito boas porque nem todos conseguiram entender direito as informações e os que conseguiam iam repassando para que pudessem tirar dúvidas através das mídias e foram um pouco complicadas.* (Sujeito A).

Para que as aulas pudessem ter continuidade no momento pandêmico, as aulas foram remotas, uma sugestão das secretarias de Educação de forma emergencial para que a educação não ficasse tão defasada. Na rede Municipal, a Secretaria apropriou-se da rede de transmissão via rádio, dando nome ao programa "Pelas ondas do rádio". Os professores relatam: "*de forma remota e pelas ondas do rádio recebendo apostilas com conteúdo e atividades e ainda livros didáticos*" (Sujeito B).

Considerou também com ênfase *pelas ondas do rádio, apostilas em mídia e impressas. Os alunos recebiam as informações ouvindo o rádio, por meio do celular via WhatsApp e materiais impressas.* (Sujeito C). Ambas as informações seguiram de acordo com a proposta das secretarias, todos os recursos foram utilizados para sanar as barreiras no sistema educacional. Com base nas entrevistas e leituras, acreditamos em uma educação de qualidade de acordo com a LDB, que enfatiza o direito à educação de qualidade para todos, porém, não sendo uma problemática somente dos professores e do sistema, mais sim de todos, é permissível que 50% são da escola e os 50% são da família, que ajuda muito no processo educacional dos alunos.

A educação deve ser contribuída pela família na ajuda no tocante com as atividades, e isso muitas das vezes não ocorre significativamente, pois os pais ou responsáveis não davam a mínima para a sistematização dos conteúdos repassados pelas vias transmitidas durante a pandemia. Com isso, além de não ter o contato direto dos professores presencialmente, os pais em sua maioria não contribuíam com a proposta educacional.

> Aponta que se deve considerar positivamente a participação efetiva do pais na vida dos filhos, que, além de possibilitar uma visibilidade maior as aulas remotas, promove algo que até o momento passava despercebido. Devido a correria do dia-a-dia, a maioria destes pais não tinham familiaridade com esta modalidade de ensino e, por vezes com realidade do processo de ensino aprendizagem de seus filhos (FERREIRA 2020).

Contudo, isso prejudica o desempenho dos alunos, em suma buscamos analisar o seguinte questionamento: *como foi o desempenho dos alunos sobre as aulas de matemática, no período pandêmico? Como eram as avaliações?*

Durante as aulas remotas, as avaliações verificavam a forma que os alunos respondiam, gravavam vídeos fazendo as atividades ou enviavam as imagens das atividades avaliativas e dos exercícios, para que pudéssemos avaliar (Sujeito A).

O sujeito A, professor da rede estadual, não destacou em sua fala sobre o desempenho dos alunos, relatou apenas seu método de avaliação. Já os sujeitos A e B, professores atuantes na rede municipal, destacaram sobre o desempenho dos alunos da rede municipal: *o desempenho foi regular para a maioria dos alunos. As avaliações foram de forma escrita feitas em casa e posteriormente entregues em datas combinadas* (Sujeito B). Logo, o sujeito C destacou também que *dentre a falta de acesso as tecnologias da maioria dos alunos, nesse período pandêmico o desempenho baixou em relação ao normal. E as avaliações eram feitas através das atividades escritas pelos alunos* (Sujeito C).

As análises dos professores seguem o mesmo pensamento, em questão ao desempenho, os sujeitos B e C destacam de forma regular e baixa o rendimento dos alunos, pois houve desempenho baixo nas atividades avaliativas. Tal fato é importante, pois ao retornar às atividades presenciais, as escolas hoje estão tendo e terão desafios a enfrentar, a educação ainda arca com as lacunas deixadas pela pandemia, sendo que o primeiro trabalho realizado no retorno das aulas foi revisar os conteúdos para poder dar prosseguimentos na proposta para as turmas de ensino.

Para enfatizar sobre como foram as aulas nesse período de pandemia, analisamos, mediante os relatos e leituras, que a educação estagnou um pouco nesse período, pois os meios encontrados fortaleceram a fragmentação dos conteúdos e não surtiram efeitos positivos, a sistematização dos conteúdos não foi recebida com sucesso, muitas perguntas surgiram, e devido à falta de acesso à tecnologia para todos, foi impossível atender e dar suporte aos alunos.

O uso de grupos no *Whatsapp* a princípio foi uma solução viável, mas os professores se sobrecarregaram com o recebimento das mensagens e ficou impossível responder a todas, embora fosse o meio mais usado pela falta de condições de acesso a outras tecnologias. Não foi positivo o resultado alcançado, no caso da matemática, pois só o áudio ou uma imagem não é suficiente para o entendimento do aluno, é preciso o acompanhamento e a explicação do processo da operação e, para isso, nada substitui a presença do professor e do aluno na sala de aula.

Diante de tudo o que os professores relataram, questionamos: qual a sua opinião sobre o ensino remoto e o ensino híbrido?

> *Na minha opinião o ensino remoto foi uma surpresa para gente trabalhar com as plataformas que o governo nos colocou, mas para a realidade de Caburi, faltou recuso como uma internet melhor para que pudesse repassar os conteúdos dos alunos que pudessem ter mais acompanhamento, faltou um pouco mais de investimento por parte do governo em ampliar as escolas ou a mídia, a internet para que pudessem os alunos terem o acompanhamento melhor dentro da escola.* (Sujeito A).

> *A pandemia nos pegou de surpresa. Afetou todas as esferas. São práticas que ainda não estávamos acostumados a realizar. Para tais práticas precisa-se muito em aprender e com isso, contamos com a participação de nossos governantes em investir mais na educação. Valorizar tanto ao aluno quanto o educador.* (Sujeito B).

> *No ensino remoto para alcançar um êxito maior, precisa-se que todos os alunos tenham acesso aos meios de comunicação e acessar os materiais de estudo. Com incentivo da família para que cumpra seus deveres. No ensino híbrido mais acompanhamento da família e dedicação dos alunos.* (Sujeito C).

É importante destacar que a educação de modo geral precisa de apoio de todos, principalmente, dos governantes, para que seja pauta fundamental e assim contribuir, realmente, para que os desafios sejam superados, para que possamos ter um ensino de qualidade com acesso a tecnologias, pois hoje vivenciamos um mundo globalizado, no qual a falta de acesso e a péssima qualidade dessas tecnologias em localidades do interior do estado afetam a vida das pessoas de forma negativa, haja visto que a região onde a pesquisa foi realizada tem muitos problemas e o maior deles é a falta de acesso à internet, uma localidade sem telefonia móvel, onde o único acesso é por via *Whatsapp*, e nem todos têm um telefone para se comunicar.

O último questionamento feito aos sujeitos da pesquisa foi: *qual sua sugestão para o ensino de matemática no tempo de pandemia?*

> *A sugestão é que as propostas fossem mais bem planejadas, fossem melhor organizadas para que pudéssemos abranger mais alunos, porque dentro dessa pandemia que aconteceu nesse período muitos alunos ficaram sem acompanhar as aulas, por motivo de não ter as ferramentas [...].* (Sujeito A).

Os professores ainda destacam que *Espero que essa pandemia acabe logo. Não só para matemática mais para todas as disciplinas. A internet para todos seria uma boa solução.* (Sujeito B).

Que todos os alunos possam ter acesso a tecnologia pelas quais se trabalha as aulas e assegurar material impresso para acompanhamento. (Sujeito C).

Certamente, a educação é uma arma poderosa que podemos ter para enfrentar desafios, porém, faz-se necessário o acesso a processos, materiais, recursos físicos, espaços e metodologias de qualidade para todos.

Considerações Finais

A pandemia da covid-19 implicou mudanças significativas no sistema educacional, particularmente no processo de ensino, fazendo com que professores e alunos tivessem que se adaptar a modos de ensino que não faziam parte de suas rotinas em virtude do isolamento social que ocasionou o fechamento das escolas.

Ao analisar os dados coletados nas entrevistas semiestruturadas, notamos que o ensino remoto na comunidade do Caburi, zona rural do Município de Parintins-AM, ocorria através dos aplicativos digitais na rede estadual, e pelas ondas do rádio na rede municipal, ademais a internet e o celular, tornaram-se imprescindíveis para a educação durante esse período, porém, foi mostrado que a internet de qualidade ainda não é uma realidade para todos, principalmente na zona rural onde o acesso é totalmente precário.

Durante a pesquisa identificamos, na perspectiva dos professores, os impactos que a pandemia ocasionou ao processo de ensino de matemática, e a eles estão atrelados as dificuldades dos professores e alunos com o acesso às plataformas disponíveis durante as aulas remotas, ou seja, nem todos tinham celular e havia lentidão ou inexistência de rede de internet. Também impactou na forma de avaliar, pois já não era possível fazer provas ou trabalhos presenciais. Ou seja, a partir dos resultados obtidos, podemos dizer que, na perspectiva dos professores de matemática dos anos finais do ensino fundamental, a pandemia impactou negativamente no processo de ensino-aprendizagem da matemática em Caburi-AM, pois exigiu que o professor utilizasse recursos indisponíveis ou insuficientemente disponíveis como o caso da internet, obrigando-o a adotar recursos e metodologias para os quais não estava preparado.

Para os alunos foi mais impactante ainda, pois alguns estagnaram e, em alguns casos, houve retrocesso da aprendizagem. De modo geral, podemos dizer que o uso de tecnologias pode sim causar impactos positivos para o ensino-aprendizagem dos alunos, mas para isso é necessário que todos tenham acesso aos recursos necessários.

No entanto, apesar de todas as dificuldades causadas pela falta de recursos mínimos necessários ao bom desenvolvimento de uma aula de matemática durante a pandemia, destacamos que a dificuldade não pode ser maior quando o interesse e a curiosidade em querer aprender é forte.

REFERÊNCIAS

BRANDÃO, N. de S. **O ensino de matemática em escola ribeirinha:** dificuldades e possibilidades em área de várzea. Trabalho de Conclusão de Curso (Graduação) Licenciatura em Matemática - Universidade do Estado do Amazonas – UEA, Centro de Estudos Superiores de Parintins – CESP, Parintins, 2018.

COSTA, L. F. M.; SOUZA, E. G.; LUCENA, I. C. R. Complexidade e Pesquisa Qualitativa: questões de métodos. **Revista Perspectivas da educação matemática**. UFMS, Mato Grosso do Sul. v. 8. n. 18, p. 727-748, 2015.

FERREIRA, P. T. Uma realidade das Escolas Particulares Perante a Pandemia da COVID-19. **Revista Gestão & Tecnologia**, Goiânia, v. 1, n. 30, p. 38-40, jan./jun. 2020.

FRODANOV, C. C; FREITAS, E. C. D. **Metodologias do Trabalho Científico**: métodos e Técnicas da Pesquisa e do Trabalho acadêmico. 2. ed. Novo Hamburgo: Universidade Freevale, 2013.

GIL, A. C. **Métodos e técnicas de pesquisa social**. 6. ed. São Paulo: Atlas, 2008.

LEAL, P.C.S. A Educação de Um Novo Paradigma: Ensino a Distância (Ead) Veio para Ficar! **Gestão & Tecnologia**, Goiânia, v. 1, n. 30, p. 41-43, jul. 2020. ISSN 2176-2449.

RAMOS, S. P. *Nas ondas do rádio*: fragmentos da história do ensino da matemática em Parintins. Trabalho de Conclusão de Curso (Graduação) - Licenciatura em Matemática - Universidade do Estado do Amazonas – UEA, Centro de Estudos Superiores de Parintins – CESP, Parintins, 2018.

SANTOS, J. E. B. dos; ROSA, M. C.; SOUZA, D. da S. O ensino de matemática em tempos de pandemia e suas implicações. **Debates em Educação**, Maceió, v. 13, n. 31, p. 758-777, ano 2021.

SCUISATO, D. A. S. **Mídias na educação:** uma proposta de potencialização e dinamização na prática docente com a utilização de ambientes virtuais de aprendizagem coletiva e colaborativa. http://www.diaadiaeducacao.pr.gov.br/portals/pde/arquivos/2500-8.pdf. Acesso em: 2 mar. 2022.

SOBRE OS AUTORES

ANGELICA FRANCISCA DE ARAUJO

Possui Licenciatura Plena em Matemática pela Universidade do Estado do Rio de Janeiro (2001) com Mestrado em Economia Empresarial pela Universidade Cândido Mendes (2007) e Doutorado em Ensino de Ciências e Matemática pela Universidade Federal do Pará (2019). É professora da Universidade Federal do Oeste do Pará, no Programa de Ciências Exatas. ORCID: https://orcid.org/0000-0002-9336-1010.
E-mail: angelica.araujo@ufopa.edu.br.

ANTÓNIO MANUEL ÁGUAS BORRALHO

Possui Licenciatura em Ensino de Matemática e Desenho pela Universidade de Évora (1985) com Mestrado em Tecnologia Educativa pela Universidade Complutense de Madrid (1991) e Doutorado em Ciências da Educação pela Universidade de Évora (2002). É professor do Centro de Investigação em Educação e Psicologia da Universidade de Évora. ORCID: https://orcid.org/0000-0001-6278-2958. E-mail: amab@uevora.pt

CONCEIÇÃO BRAYNER

Doutoranda em Educação em Ciências e Matemática na Universidade Federal do Pará – UFPA, Pedagoga com Mestrado em Educação pela Universidade do Estado do Pará – UEPA. Tem experiência na docência da Educação Básica e Educação Superior, atuando no momento como professora na Rede Municipal de Belém-PA. Tem dedicado sua pesquisa ao tema da avaliação educacional e participa como membro do Grupo de Pesquisa Grupo de Estudo da Amazônia – GEMAZ vinculado ao Instituto de Educação em Ciências e Matemática – IEMCI/ UFPA.
E-mail: conceicao.brayner@iemci.ufpa.br.

ELSA ISABELINHO BARBOSA

Doutora em Ciências da Educação. Investigadora do Centro de Investigação em Educação e Psicologia da Universidade de Évora (CIEP-UE), como membro integrado. Professora de Matemática com experiência em Portugal, ao nível do 2º e 3º ciclos do Ensino Básico, Ensino Secundário e Ensino Superior. Subdiretora do Agrupamento de Escolas Manuel Ferreira Patrício. ORCID: https://orcid.org/0000-0003-0034-5917. E-mail: ebarbosa@uevora.pt

FRANCINEY CARVALHO PALHETA

Doutor em Educação em Ciências e Matemática pela Universidade Federal do Pará (UFPA). Professor da UFPA vinculado ao Instituto de Ciências Exatas e Naturais (ICEN). Endereço: UFPA - Instituto de Ciências Exatas e Naturais - Rua Augusto Correa S/N, Guamá, Belém-PA, CEP: 66075-110. ORCID: https://orcid.org/0000-0003-0571-9148. *E-mail*: franciney@ufpa.br

GABRIEL DA SILVA MELO

Licenciado em Matemática pela Universidade do Estado do Amazonas.

IEDA MARIA GIONGO

Doutora em Educação pela Universidade do Vale do Rio dos Sinos (UNISINOS). Atualmente é professora titular da Universidade do Vale do Taquari - Univates de Lajeado, RS, vinculada ao Centro de Ciências Exatas e Tecnológicas. Coordena o Grupo de Pesquisa Práticas, Ensino e Currículos (CNPq/Univates). Também atua, como docente permanente, nos Programa de Pós-Graduação (Mestrado e Doutorado Profissional) em Ensino de Ciências Exatas e Programa de Pós-graduação (Mestrado e Doutorado Acadêmico) em Ensino da Instituição.

ISABEL CRISTINA RODRIGUES DE LUCENA

Doutora em Educação pela Universidade Federal do Rio Grande do Norte (UFRN). Professora da UFPA vinculada ao Instituto de Educação Matemática e Científica (IEMCI). Docente do Programa de Pós-Graduação em Educação em Ciências e Matemáticas e do Programa de Pós-Graduação em Docência em Educação em Ciências e Matemática da UFPA, e da Rede Amazônica de Formação de Doutores REAMEC. Lider do GEMAZ – Grupo de Estudos e Pesquisas em Educação Matemática e Cultura Amazônica. Endereço para correspondência: UFPA- Instituto de Educação Matemática e Científica, Rua Augusto Correa S/N, Guamá, Belém-PA, CEP: 66075-110. ORCID: https://orcid.org/0000-0001-9515-101X. *E-mail*: ilucena@ufpa.br

JOSETE LEAL DIAS

Licenciada em Pedagogia, Mestre e Doutora em Educação em Ciências e Matemática pela Universidade Federal do Pará – UFPA, Pós Doutora pela Universidade Júlio de Mesqusita – UNESP_BAURU-SP. Atuou como discente da Escola de Aplicação da Universidade Federal do Pará e professora colaboradora do programa de Pós-Graduação em docência em educação em Ciências e Matemática – IEMCI-UFPA. Atua nas áreas: avaliação da aprendizagem, formação de professores, autieficácia doccente. https//orcid.org/000.0001-9246-3229.

LUCÉLIDA DE FÁTIMA MAIA DA COSTA

Doutora em Educação em Ciências e Matemáticas, Área de concentração: Educação Matemática, pela Universidade Federal do Pará (UFPA). Professora da Universidade do Estado do Amazonas (UEA), no Centro de Estudos Superiores de Parintins (CESP). Professora do Programa de Pós-Graduação em Educação e Ensino de Ciência da UEA - Mestrado Acadêmico em Educação em Ciências na Amazônia. E-mail: lucelida@uea.edu.br

MARIA AUGUSTA RAPOSO DE BARROS BRITO

Licenciada em Matemática, Especialista em Educação Matemática, Mestre e Doutora em Educação em Ciências e Matemática pela Universidade Federal do Pará-UFPA, realizou Estágio Científico Avançado (Doutorado Sanduíche) na Universidade de Évora/Portugal. Atuou com docente na Educação Básica nas redes pública na cidade de Belém/Pará. Atualmente é docente no Campus de Bragança-UFPA, nos cursos de Licenciatura em Matemática, Pedagogia e na Pós-Graduação de Mestrado Profissional em Matemática-PROFMAT. Atua na área de processos de ensino, avaliação e aprendizagem no campo da Formação de Professores que ensinam matemática. https://orcid.org/0000-0001-8512-3592. E-mail: araposo@ufpa.br

VALÉRIA RISUENHO MARQUES

Licenciada Plena em Matemática, Doutora em Educação em Ciências e Matemática (Educação Matemática). Docente do curso de Licenciatura Integrada em Ciências, Matemática e Linguagens do Instituto de Educação Matemática e Científica da Universidade Federal do Pará. Membro do Grupo de Estudos e Pesquisas em Educação Matemática e Cultura Amazônica. ORCID: https://orcid.org/0000-0002-5378-975X. E-mail: vrisuenho@ufpa.br

WILMA DE NAZARÉ BAÍA COELHO

Doutora em Educação pela Universidade Federal do Rio Grande do Norte (UFRN). Professora da UFPA vinculada ao Instituto de Filosofia e Ciências Humanas (IFCH). Coordenadora do Núcleo de Estudos e Pesquisas sobre Formação de Professores e Relações Étnico-Raciais (GERA) - Endereço para correspondência: UFPA- Instituto de Filosofia e Ciências Humanas, Núcleo de Estudos e Pesquisas sobre Formação de Professores e Relações Étnico-Raciais - Rua Augusto Correa S/N, Guamá, Belém-PA, CEP: 66075-110. ORCID: https://orcid.org/0000-0001-8679-809X. *E-mail*: bolsista de Produtividade 1 D do CNPq. E-mail: wilmacoelho@yahoo.com.br

Impresso na Prime Graph
em papel offset 75 g/m2
fonte utilizada adobe caslon pro
janeiro / 2024